# 내 면역은 내가 지킨다

## 한국과학기술한림원

- 과학기술에 전문적 경륜과 식견을 가진 석학들을 회원으로 엄선, 각 부문별 전문성을 효율적으로 활용함으로써 국가 과학기술의 진흥과 창달에 기여하기 위해 1994년에 설립되었습니다.
- 2005년 기초과학연구진흥법 제11조(한국과학기술한림원의 설립 등)에 의거 법정기구화되었습니다.
- 독립성, 자율성 및 전문성을 바탕으로 하는 순수 민간 과학아카데미로, 편견 없는 대정부 정책자문을 통해 올바른 과학기술정책의 수립을 유도하고 있으며, 범부처적 국가 과학기술정책에 대한 자문과 건의를 통한 과학기술발전의 장기적 비전을 제시하고 있습니다.
- 우리나라의 과학기술 선진국 진입을 위한 기초 과학기술 진흥사업을 수행하고 있으며, 외국 한림원 및 과학기술 국제기구 등과의 학술교류를 통해 과학기술 민간외교의 중심체 역할을 담당하고 있습니다.

# 내 면역은 내가 지킨다

1판 1쇄 펴냄 | 2021년 11월 25일

지은이 | 배상철 외
발행인 | 김지영
발행처 | 자유아카데미
등록 | 제 406-2003-017호, 1980. 7. 12

주소 | 경기도 파주시 회동길 37-42 파주출판도시
전화 | 031-955-1321
팩스 | 031-955-1322
홈페이지 | www.freeaca.com
전자우편 | main@freeaca.com(대표)
editor@freeaca.com(편집)
crm@freeaca.com(영업)

ISBN 979-11-5808-325-0 93470

한국과학기술한림원 『석학, 과학기술을 말하다』 시리즈 40

# 내 면역은 내가 지킨다

**배상철** 외 지음

자유아카데미

# 머리말

코로나바이러스Coronavirus의 범세계적인 유행이 1년 이상 지속되면서 전염병이 조기에 종료되리란 희망은 사라지고, 예방 접종이 이루어져도 펜데믹pandemic 이전의 생활로 돌아갈 수 없으리라는 불안감이 엄습하고 있다.

코로나바이러스는 1960년, 인간에게서 처음 발견된 이후 다양한 발병 양상을 드러내었다. 감기와 유사한 증상을 나타내기도 하며 메르스-코로나바이러스MERS-CoV는 30%의 치사율을 보이기도 한다. 2019년, 중국의 우한 지역에서 처음 발생한 코로나바이러스감염증-19(코로나19)는 메르스보다는 치사율이 낮으나 감염 전파율이 높아, 전 세계적 대유행이 발생한 지 2년이 다가오는 현재에는 2억 3천만 명의 감염자와 500만 명의 사망자를 목전에 두고 있다. 백신 접종 이후에는 코로나19 이전의 시대로 돌아갈 수 있다는 예상을 뒤엎고, 오히려 감염자는 증가하면서 일일 감염자가 50만 명에 이르고 하루 사망자는 5,000명 이상이 되어 가까운 시일 내 상황이 종식되기는 어려울 것으로 예상된다. 사스, 메르스에 이어 코로나바이러스가 초래한 범국가적 혼란과 불안 속에서 면역학에 대해 현대인들이 가지는 관심의 크기는 과거와는 다르다.

면역은 감염뿐만 아니라 류마티스질환, 알레르기질환, 심근경색, 뇌졸중, 그리고 일부 암과 같이 흔한 질병들과도 관련이 있다. 그리고 불안장애, 우울증, 조현병 등의 정신질환 역시 면역과 관련된 것으로 알려져 있다. 따라서 최근 예측할 수 없던 사건으로 인하여 대중들의 중대한 관심사로 떠오른 면역이라는 현상 또는 면역학에 대한 역사와 내용, 그리고 의학적 의의를 전하고자 이 책의 출간을 결심하게 되었다.

이 책은 2부로 구성된다. 1부의 제목은 '면역의 모든 것'으로 면역학의 태동부터 한의학에 이르기까지 면역에 관한 방대한 내용을 집대성하여 요약하고 있다. 이 책의 첫 부분에서는 노벨상 수상자들을 중심으로 면역학이 걸어온 길을 되짚어보고 있는데, 본격적인 학문으로서 면역학의 발전은 프랑스의 루이 파스퇴르와 독일의 로베르트 코흐 간의 경쟁이 이루어지던 19세기 말부터 시작되었다. 면역학은 다른 과학 학문에 비하여 비교적 짧은 역사를 가진 최근의 학문이며, 또한 우리 몸에서 다양한 항체를 생성하는 기전으로 1987년에 노벨 의학상을 수여 받은 일을 생각해본다면, 현재 우리가 예방주사를 맞음으로써 항체를 생성하는 기전 역시 알려진 지 오래되지 않았다고 볼 수 있다.

이렇듯 역사가 유구하지는 않은 면역학이 대중들의 큰 관심사로 떠오른 계기는 앞서 언급한 대로 코로나바이러스가 국제적으로 전파되었기 때문이다. 코로나19에서 관찰되는 '사이토카인 폭풍'은 면역 체계가 바이러스에 과도하게 반응하여 급속하게 많은 양의 사이토카인이 분비되어, 바이러스뿐 아니라 정상조직까지 공격하여 면역계가 우리의 몸에 해를 끼치는 현상이다. 따라서 이 책의 본격적인 내용을 살펴보기 전에 우리 몸의 면역반응이 무조건 좋지만은 않은, '양날의 검'이라는 기본적인 전제를 이해하고 넘어가야겠다.

이 책은 면역학에 대한 역사와 의의를 짚어보는 데서 나아가, 면역시스템을 건강하게 유지하고, 만약 면역계가 잘못되었을 경우 이를 교정하는 치료방법에 관해서도 기술하고 있다. 특히 7장에서는 유산소운동과 근력운동을 포함한 신체활동을 적절하게 하는 방법에 대해 알려 주고, 어째서 신체활동이 면역력 향상에 중요한가에 관해 집중적으로 살펴보고 있다.

더불어 면역은 신체뿐만 아니라 정신의 변화 및 자극과도 깊게 관련되어 있다. 인간은 주변 환경의 변화나 자극으로 인해 스트레스를 받게 되는데, 스트레스가 우리 면역계에 미치는 영향을 8장에서 상세히 설명하고 있다. 또한 면역은 우리가 흔히 경험하는 치아우식, 잇몸병, 재발성 아프타성 구내염 등의 '구강병'과도 밀접하게 관련되어 있는데, 9장에서는 치의학을 면역학적 관점에서 기술하여 질병의 종류와 원인, 그리고 치료의 현재와 미래에 대하여 설명하고 있다. 이 책을 통해 우리의 신체와 면역의 상관관계, 그리고 신경계와 면역계와의 상관관계를 이해하고 우리 몸의 면역을 유지하는 방법을 터득하길 바란다.

면역질환과 관련된 건강식품 역시 면역학을 말하는 데 있어 빼놓을 수 없는 주제일 것이다. 이 책은 지금까지 국내에서 허가되어 판매 중인 면역조절 건강기능식품을 구조와 기능 측면에서 살펴보고 있으며, 면역과 관련된 한의학에 관한 내용도 소개하고 있다. 1부의 마지막 부분을 통해 한의학에서의 질병관을 살펴보고 한의학에서 면역회피현상의 주된 원인으로 꼽는 어혈에 대해 알아봄으로써, 현대의학과 한의학의 관계성과 가능성을 되짚어볼 수 있을 것이다.

2부의 제목은 '약과 면역'으로 우리 몸이 다양한 세균과 바이러스에 맞서는 데 필요한 든든한 지원군인 면역억제약과 면역증강제에 대하여 설명하고, 약이 지닌 면역학적 부작용에 관해서도 소개하고 있다. 그리고 새로운 암 치료방법으로 주목받기 시작한 면역치료법(또는 면역항암제)에 대해서도 언급하고 있다. 더불어 화학 항암제가 가져오는 부작용이나 수술 후의 암 전이에 대한 걱정에서 우리를 해방하여 줄 나노 의약의 현재와 미래에 대해서 살펴보고, 나노 입자를 사용한 항암 면역치료의 최근 사례를 간략히 설명하고 있다.

최근 코로나19로 인한 팬데믹으로 전 세계에서 각종 방송과 소셜네트워크를 통해 면역에 관한 내용을 쉽게 접할 수 있게 되었다. 그러나 면역학이란 학문 자체가 다소 난해하다 보니 일반인이 쉽고 폭넓게 이해하기가 어려운 실정이다. 따라서 저자들은 아무쪼록 독자들이 이 책을 통해 코로나19로 인한 어두운 터널과 같은 현재를 무사히 통과하는 데 도움을 얻기 바라며, 또한 면역과 관련하여 여러분들이 앓고 있는 질환에 대한 이해를 높이는 데 보탬이 되기를 간절히 희망한다.

# 차 례

# 2부 약과 면역

## 12장 면역억제약



## 13장 면역증강제



## 14장 약물의 면역부작용

# 1부

# 면역의 모든 것

# 1장

# 면역이란?

## 노벨상을 중심으로 한 태동부터 현대 면역학까지의 이야기

**이명식**(연세대학교 의과대학 의생명과학부)

## 왜 지금 '면역' 인가

코로나바이러스감염증-19(코로나19)의 창궐로 인해 모든 국가가 공황 상태에 빠지면서, 한시바삐 백신이 나와야 예전 생활로 복귀할 수 있다는 생각이 전 세계를 지배하게 되었다. 이에 따라 바이러스, 백신 및 면역학에 대한 관심 역시 고조되었다. 실상 코로나바이러스Coronavirus는 예전부터 사람한테 감기 등 가벼운 호흡기 감염을 일으키는 것으로 잘 알려져 있었다. 실험동물 즉 생쥐에서는 생쥐 간염 바이러스mouse hepatitis virus, MHV가 심각한 병원성 바이러스라서 수의학 또는 실험동물학에서 중요한 바이러스로 다루어져 왔다. 그러나 사람에게는 중요한 병원성 바이러스가 아니라고 여겨져 의사, 의학자 또는 바이러스 학자들의 큰 관심을 받지는 못하였다. 그러나 사스-코로나바이러스, 중동 호흡기 증후군MERS, 코로나19 등이 새로운 의학적 문제를 계속 일으킴에 따라 최근 큰 관심을 끌게 되었고 나아가 인류의 사활이 걸린 문제로 여겨지게 되었다. 이러한 점은 현대 사회에서 밀집된 생활을 통해 인수공통감염 질환zoonotic infectious disease이 새로 계속 발생할 수 밖에 없다는 점을 말해주며 동시에 의학자, 면역학자, 바이러스 학자들의 예견에 한계가 있음을 보여주고 있다. 따라서 이 장에서는 최근 예측할 수 없던 사건으로 인하여 대중들의 큰 관심의 초점이 된 면역이라는 현상 또는 면역학에 대한 간단한 역사 및 의학적 의의에 관한 개괄적 기술을, 면역학 분야의 노벨상 수상 업적을 중심으로 서술하고자 한다.

여기서 한가지 언급할 사항은 면역이라는 현상은 핵이 별개로 존재하는 진핵 세포eukaryotic cell 또는 진핵 생물에만 국한되는 것이 아니라는 점이다. 핵이 별개로 존재하지 않는 원핵 세포prokaryotic cell 혹은 원핵 생물에도 면역계가 존재하여, 제한 효소restriction enzyme가 원핵 생물의 선천 면역innate immunity에 해당한다면 후에 언급할 크리스퍼 시스템CRISPR, Cas9 system은 원핵 생물의 후천 면역adaptive immunity에 해당한다고 볼 수 있다. 다시 말해 면역계는 모든 생명체가 외부(혹은 내부)로부터의 침입을 방어하기 위해 진화적으로 축적한 시스템인 것이다.

# 노벨상을 중심으로 한 면역학의 발전사

## 면역학의 여명기

### 백신의 기원

면역이란 의학, 면역학에서는 질환으로부터의 보호를 의미하지만 원래 면역immune이란 말의 의미는 의학 또는 감염성 질환 이외에도 법적인 행위, 잘못한 행위 등으로부터 보호됨을 의미한다. 어원을 살펴보자면 Munis는 병역, 의무, 책무를 의미하는데 im이 붙어 이를 부정하는 의미를 가져 '의무, 책무로부터 자유로운'이라는 뜻이 된다. 교황의 무오류성 또는 주권자의 면책 특권 등에서도 면역immunity이라는 단어를 사용한다.

역사적 또는 의학적으로 면역학 혹은 면역 현상은 사람을 중심으로 하여 인간의 관점에서 보아 관찰되는 현상 및 실험으로서의 학문적 성격이 두드러진다. 가장 기본적인 면역의 의미는 외부의 미생물 또는 이물질의 침입으로부터 자신을 보호하는 기전이다. 이는 자신self과 비자신non-self 또는 위험스러운dangerous 외부 침입자를 위험하지 않은non-dangerous 물질로부터 구분할 수 있는 능력과 그에 대한 반응할 수 있는 능력을 의미한다. 따라서 면역 현상이 사람에게만 국한된 것은 아니다.

가장 먼저 면역 현상을 과학적으로 기술한 사람은 영국의 에드워드 제너이다. 그는 1796년에 우두cowpox의 수포로부터 얻은 고름을 사람한테 주사하여 천연두에 걸리지 않게 하는 우두법vaccination을 개발하였다. 우두법은 천연두variola가 창궐하던 시기에 오스만 터키의 의사가 천연두 환자 병변의 각질crust 가루 또는 고름pus을 다른 사람의 피부에 주입하여 천연두를 막는 방법 즉 인두법variolation을 시행한 데서 힌트를 얻어 탄생한 방식이다. 이러한 백신의 탄생 일화를 알게 되었으면 어째서 백신vaccine이라는 단어가 라틴어로 암소, 즉 'cow'를 의미하는 'vacca'라는 단어에서 비롯되었는지 짐작이 갈 것이다.

## 근대 면역학의 발아

### 선천 면역과 후천 면역 개념의 태동 및 상호 경쟁

본격적인 학문으로서 면역학의 발전은 19세기 말 프랑스의 루이 파스퇴르와 독일의 로베르트 코흐 간의 경쟁에서 시작된다. 파스퇴르는 감염균의 자연발생설spontaneous generation or abiogenesis을 부정하고 속생설biogenesis을 확립함과 아울러, 1881년부터 탄저anthrax균, 광견병rabies균 등에 대한 백신 개발에 성공하여 근대 면역학의 창시자가 되었다. 한편 독일(프러시아)의 코흐는 그보다 약간 늦게 미생물학을 개척하여 1882년 이후로 결핵tuberculosis, 콜레라cholera 균들을 발견하고 코흐의 법칙Koch's postulate을 제창하였다. 또한 코흐의 실험실에서 에밀 본 베링과 기타사토 시바사부로는 디프테리아 항독소diphteria antitoxoid를 개발하여 당시 의학상의 중대한 문제이던 디프테리아에 의한 사망을 근절할 수 있음과 더불어, 후천 면역adaptive immunity의 효시로 간주되는 업적을 이루었다. 이러한 공로를 인정받아 베링은 1901년, 1회 노벨 의학상을 받게 되었다. 이후에 프랑스 파스퇴르 연구소Pasteur Institute로 전직하는 일리야 메치니코프는 1882년, 불가사리starfish를 이용한 실험을 통하여 탐식 작용phagocytosis과 대식세포macrophage의 존재를 증명함으로써, 선천 면역innate immunity의 창시자가 되어 1908년에 노벨 의학상을 수상하였다. 따라서 거의 동시대 즉 19세기 말에 지금까지도 면역학의 양대 줄기인 후천 면역과 선천 면역의 개념과 실험적 기반이 확립된 셈이다. 당시 프랑스와 독일 간의 면역학에 대한 경쟁은 국가 간 수준으로까지 번질 정도로 치열하였다. 독일 Netflix에서 제작한 〈Charitè〉 6부작을 시청해 보면 당시 독일에서 코흐 연구소 건립 자금 지원안이 국회에서 통과되어 근대 병리학의 태두인 루돌프 피르호가 코흐에게 이를 통보하였고, 코흐가 이에 대해 피르호에게 감사를 표하자 그는 자신에게 감사할 것이 아니라 경쟁자에게 많은 지원을 하는 프랑스 정부에 감사하라고 할 정도였다.

그 후 감염병 연구소(Institute of Infectious Diseases, 후에 Robert Koch Institute로 개칭)에서 일하던 독일의 파울 에를리히는 항체antibody의 제조, 정제 및 이에 대한 검사법을 확립하고 Gram 염색Gram staining법 등 각종 염색법을 개발하였다. 또한 측쇄 이론side-chain theory을 제창하여 역시 1908년, 경쟁자인 파스퇴르 연구소의 메치니코프와 같은 해 노벨 의학상을 수상하였다.

## 현대 면역학의 발전

### 클론 제거 이론으로부터 항암 면역치료제까지

20세기 초부터 면역학의 발전이 지속하여 축적되어 현대 면역학으로 점차 접어들게 되었으며, 다음부터는 현재의 면역학자들이 생생히 기억하는 발견이 이루어졌다. 즉 1950년대에 이르러 피터 메더워와 프랭크 버넷이 클론 제거 이론clonal deletion theory, 즉 자신self을 인식하며 위험성이 있는 면역세포가 제거 또는 무력화됨으로써 면역관용immune tolerance

이 유도된다는 설을 입증하여 1960년, 노벨 의학상을 수상하였다. 그 후 이식 면역에서 나온 개념을 바탕으로 바루 베나세라프, 장 도세, 조지 스넬이 주조직 적합성 복합체major histocompatibility complex, MHC 유전자군의 존재를 밝혀 1980년, 노벨 의학상을 수상하였다.

1984년에는 세사르 밀스테인과 게오르게스 쾰러에 의하여 단일 클론 항체monoclonal antibody 제조법이 확립되어 면역학상의 보편적 기법으로 자리하게 되었다. 밀스테인과 쾰러가 수상한 1984년의 노벨 의학상은, 자연 선택 이론natural selection theory과 면역 네트워크 이론immune network theory을 제창한 이론 면역학자 닐스 예르네와의 공동 수상이었다.

한편 항체antibody와 같은 후천 면역acquired immunity이라는 것이 이미 존재하던 유전자gene에서 유래된 것인가 혹은 새로운 유전학적 변화genetic event에 의한 것인가에 대한 오랜 논쟁은, 면역글로불린 유전자 재배열immunoglobulin gene rearrangement 개념을 증명한 기념비적인 업적으로 1987년에 노벨 의학상을 단독으로 수상한 도네가와 스스무가 해결하였다.

조지프 머리와 에드워드 토머스는 장기 및 골수 이식 등을 성공한 공로로 1990년에 노벨 의학상을 수상하였고, 피터 도허티와 롤프 칭커나겔은 이식 현상에서 발견한 MHC의 기능이 항원제시antigen presentation라는 것과 항원에 대한 면역반응이 MHC에 의존한다는 것, 즉 MHC 제한MHC restriction 현상을 밝혀 1996년에 노벨 의학상을 수상하였다. 브루스 보이틀러와 율레스 호프만은 톨 및 톨 유사 수용체toll-like receptor, TLR가 선천 면역에 있어서 세포 신호전달cell signaling에 관여한다는 점, 다시 말해 톨 유사 수용체가 선천 면역 수용체innate immune receptor라는 것을 밝혔다. 이는 19세기 말에 후천 면역과 비슷한 시기에 같이 출발하였음에도 불구하고 근자에 이르러 후천 면역의 발전에 비해 진보가 지체되었던 선천 면역의 분자적 실체 규명에 효시를 이룬 업적이었다. 이러한 공로를 인정받아 보이틀러와 호프만은 2011년, 노벨 의학상을 수상하게 되었고, 이후 현재까지 100개가 넘는 선천 면역 수용체가 알려지게 되었다.

또한 같은 해에 랠프 슈타인만은 항원제시를 하는 수지상세포dendritic cell의 존재를 발견하고 규명한 공로로 노벨 의학상을 수상하였다. 노벨상을 받은 면역학자로서는 마지막으로 제임스 앨리슨과 혼조 다스쿠는 항암 면역치료법cancer immunotherapy을 위한 면역관문 억제제immune check point inhibitor 즉 CTLA-4 및 PD-1 차단제를 발견하고 개발한 공로로 2019년에 노벨 의학상을 수상하였다. CTLA-4 및 PD-1은 공동-억제 신호co-inhibitory signal의 수용체에 해당하며, T 세포의 면역반응을 낮추는 역할을 한다. 이를 차단하면 암 등에 대한 면역반응이 증가하게 되어 암에 대한 면역반응이 강화된다. 이상의 내용은 이 장의 마지막 부분인 '면역반응에 있어서 필요한 3가지 신호'를 참조하며 읽기를 추천한다.

이제 노벨상을 받지는 못하였으나 언급할 만한 면역학적인 큰 계기를 이룬 분수령을 살펴보자. 2020년에 별세한 노엘 로즈는 갑상선글로불린thyroglobulin 같은 틀림없는 자가항원을 백신 보제adjuvant와 같이 주사하는 경우, 자가항원에 대한 면역반응이 발생하고 갑상선글로불린에 대한 항체가 형성되어 자가면역질환, 즉 자가면역성 갑상선염이 발생한다는 점을 발견하였다. 다시 말해 그 당시의 도그마 즉 면역계가 자신self과 비자신non-self을 완벽히 구별해낸다는 설에 대한 반전을 이루었고 이는 자가면역질환의 이해에 획기적 전기를 이룬 것으로 생각된다.

그리고 시몬 사카구치의 출생 3일 흉선 제거 모델day 3 thymectomy model에서 자가면역질환의 발생 현상을 토대로 한 조절 T 세포regulatory T cell, Treg의 발견도 면역계가 자신과 비자신을 구분하는 것이 클론 제거clonal deletion 등으로 간단히 해결되는 문제가 아니며, 매우 복잡하고도 다양한 기작을 거치고 있음을 보여주는데, 이들은 임상적으로도 큰 의미를 제시하고 있다. 기타 면역 글로불린 E(IgE)를 발견하여 알레르기 현상의 면역학적 이해를 가능하게 한 이시자카 키미시게, 인터류킨 1interleukin 1, IL-1을 발견하여 인터류킨이라는 새로운 장을 연 찰스 디나렐로, 인터페론interferon을 발견한 앨릭 아이작과 장 린덴만, 인터류킨 2interleukin 2, IL-2를 발견하여 T 세포 배양을 가능하게 한 로버트 갈로, 흉선thymus이 면역 기관임을 발견한 자크 밀러, T 세포 수용체T cell receptor, TCR를 발견한 마크 데이비스와 탁 와 막, 최초의 전사 인자transcription factor이며 염증inflammation과 세포 사멸cell death의 주요 조절 인자인 NF-κB를 발견한 데이비드 볼티모어(역전사 효소reverse transcriptase를 발견하여 1975년도 노벨 의학상 수상하였다), 인플라마좀inflammasome 복합체를 발견한 유르그 초프, 노벨상을 받지는 못하였으나 척추동물의 톨 유사 수용체를 최초로 발견하는 데 기여한 루슬란 메드즈히토프, 찰스 제인웨이 등도 면역학 발전에 큰 획을 그었다.

또한 면역학 자체는 아니지만 면역학과 밀접한 관계가 있는 현대 의학상의 발견으로는 후천 면역결핍 증후군acquired immune deficiency syndrome, AIDS을 일으키는 인간 면역결핍 바이러스human immunodeficiency virus, HIV를 발견하여 2008년에 노벨 의학상을 받은 프랑수아즈 바레시누시와 뤼크 몽타니에, 중합효소 연쇄반응polymerase chain reaction, PCR 방법을 발견하여 1993년에 노벨 화학상을 수상한 캐리 멀리스의 발견 등을 예로 들 수 있다. 멀리스는 여러 논란을 초래하였지만, PCR이 아니었다면 코로나19 질환을 동시다발적으로 검사하여 환자를 발견하기가 불가능에 가까웠을 것이다. 이러한 멀리스의 업적을 생각해 본다면 멀리스가 발견한 PCR이 인류 건강에 공헌한 점을 절감할 수 있다.

## 노화, 면역과 코로나19

노화와 면역과 관련된 분야에서는 아직 노벨상이 나오지 않았지만, 최근 신종 코로나바이러스에 의한 감염이 범세계적인 화제가 되었다. 특히 신종 코로나바이러스에 의한 치사율이 고령 환자에서 매우 높음이 알려지면서, 이 분야에 대한 관심이 대중들 사이에서 크게 고조되었다. 면역력을 증강한다는 기능성 식품에 관한 광고를 흔히 볼 수 있듯, 실제로 고령 환자의 면역력 감소, 면역력 증강법 등은 의학자, 과학자뿐 아니라 일반인들도 누구나 관심이 있는 분야이다. 그러나 '면역력'이라는 것은 한마디로 정의하거나 검사실에서 일회성으로 측정하기가 어렵다. 또한 환자들이 원하는 대로 혈액 검사 등으로 쉽게 알 수가 없으며 종목별 혹은 질환별로 무수한 수의 면역 관련 검사를 거쳐야 한다. 따라서 하나의 지표로 면역력을 나타낼 수는 없으며, '면역력 증강'이라는 것은 의학적, 과학적으로 모호한 용어라고 할 수 있다. 임상적으로도 병원에서 HIV 감염, 선천성질환 등으로 인하여 면역력이 저하된 환자보다, 면역력이 과도하게 '증가'된 자가면역질환(1형 당뇨병 환자, 갑상성기능항진증 환자, 류마티스관절염 환자, 선천성홍반성낭창 등) 환자가 훨씬 많아, 면역력 증강은 쉽게 이루어지거나 이해될 수 있는 것이 아니라는 점을 알 수 있다. 코로나19에서도 젊은 환자에게서 과도한 면역반응으로 사이토카인 폭풍cytokine storm이 발생하여 치명적인 경과를 밟을 수 있음이 잘 알려져 있는데, 이러한 관점에서 면역력 증강이라는 용어보다는 '면역력 최적화'라는 용어가 더 적절할 수도 있다.

그럼에도 노화에 따라 면역력이 어떻게 해서든 감소한다는 점은 분명한 사실이다. 고령자에서 암이 발생하는 것, 백신에 대한 면역 생성이 저하된 것, 그리고 코로나19에 의한 치사율이 높은 점들이 이를 증명하고 있다. 노화와 관련되어 여러 연구에서 공통으로 관찰되는 사실은 흉선의 퇴화thymic involution, 흉선으로부터의 T 세포 생산 및 유출의 감소, 말초 혈액에서(CD4+) T 세포의 감소, 미접촉 T 세포naïve T cell 또는 중앙 기억 T 세포central memory T cell 수의 감소, 효과기 T 세포effector T cell 및 기억 조절 T 세포memory Treg의 증가 등이다. 이 중에서 미접촉 T 세포가 감소하고 효과기 T 세포가 증가하는 것은 거대세포 바이러스cytomegalovirus, CMV 등의 감염 또는 지속 바이러스 감염viral persistence과 관계가 있음이 알려져 있으며, 이외에도 수다한 요인들이 작용하리라고 생각된다. 이러한 결과는 연령 증가에 따라 바이러스 감염 등이 축적 또는 계속되면서 기존에 경험한 바이러스 등의 항원에 대한 면역반응이 축적되고, 새로운 항원에 대한 반응성 또는 면역 레퍼토리immune repertoire가 감소함을 시사한다. 그러나 이러한 바이러스 감염 등이 실제로 면역 노화를 일으키는지, 또한 그것이 새로운 항원 또는 암 항원cancer antigen 등에 대한 반응을 저하하는지 등은 확실하지 않으며, 바이러스 감염 이외의 면역 노화 인자에 대한 추후의 많은 연구가 필요한 실정이다.

이러한 설정을 고려해본다면, 당뇨병 환자의 혈당이 126 mg/dL 이상이기에 당뇨병으로 진단하고 혈당 강하제를 처방하여 혈당을 낮추는 방식 또는 콜레스테롤 혈중치가 250 mg/dL 이상이므로 스타틴statin 약물을 처방하는 방식과 같이, 임상적으로 적용이 가능한 명확한 기준이나 방법 또는 치료법이 아직 면역학에서는 없음을 알 수 있다. 병원에서 한두 가지 혈액 검사로 면역력을 측정하는 것은 AIDS 또는 선천성 면역결핍 환자 등 희소 질환에서는 가능하지만, 이는 일반적인 다른 질환에서는 가능하지 않고 면역력을 올려주는 것도 현재는 불가능하다고 볼 수 있다. 최근에 암 환자에서 암 항원cancer antigen에 대한 면역반응을 증가시켜 주는 것이 가능해져서, 특수한 경우에는 주어진 항원에 대한 면역력의 증가가 이루어졌다고 볼 수 있을 것이다. 향후에는 면역력 특히 노화와 면역력에 관한 연구가 많이 이루어져 혈액 검사를 통해 한두 가지 항목만으로도 신체의 면역력을 나타내는 지표를 발견할 수 있으며, 이를 증가시켜 저하된 면역력을 회복, 최적화, 나아가 증강하는 방법과 약물이 개발되기를 기대한다.

## 요약 및 전망

정리하자면 면역이라는 현상은 생명체가 외부의 침입자로부터 자신을 보호하는 기전으로 이는 사실 박테리아도 가지고 있는, 다시 말해 생명체라면 모두 가지고 있으며 생명을 유지하기 위해 필수 불가결한 기전이다. 즉 2020년, 노벨 화학상을 받은 크리스퍼(CRISPR/Cas9) 방법은 앞에서 언급한 대로 박테리아의 후천 면역을 이용한 것이다. 감염성 질환 이외에도 그간 면역질환이라고 생각하지 않았던 당뇨병, 비만, 대사증후군, 지방간(염), 심장질환, 동맥경화, 퇴행성뇌신경 질환 등 거의 모든 질환에서 면역 현상은 발병기전에 중요한 역할을 하고 있다. 따라서 면역 현상과 전혀 관계가 없다고 말할 수 있는 질병은 존재하지 않는다. 그러므로 면역학의 발전은 의학 발전의 가장 중요한 부분의 하나이며, 언급하였던 바와 같이 많은 면역학자에 의한 면역학에서의 분수령이 인류의 건강에 기여한 바는 헤아릴 수 없을 정도이다. 현재 인류가 누리는 80세 이상의 평균 수명은 그분들의 연구에 힘입은 바가 크다.

그렇지만 아직도 모르는 부분, 해결해야 할 면역학상의 문제는 산적하여 있으며, 이번 코로나19 감염 사태에서도 알 수 있듯이 앞으로도 새로운 병원성 미생물이 계속 출현할 것이다. 이와 같이 끝없는 사람과 미생물 사이의 투쟁과 공존 문제를 해결하기란 쉽지 않을 것이며 한 문제가 해결되면 새로운 다른 문제가 발생하여 계속해서 반복되는 상호작용이 연속될 것이다. 끝이 없어 보이는 시시포스Sisyphus의 굴레에도, 앞으로 더 많은 면역학상의 위대한 발견이 이루어져서 면역력 증강이 현실화되기를 기대한다. 이와 더불어 당장 시급한 코로나19는 물론 새로 나타날 바이러스, 세균 등을 포함한 모든 병원성 미생물과 암 등 인류가 질병으로부터 해방되는 날이 오기를 소망한다. 발전의 속도를 예측하기 어려울 뿐, 발전의 가능성에 대해서는 의심하지 않기에 풀어놓은 바람대로 발전은 점차 이루어지리라고 전망한다.

## 면역반응에 있어서 필요한 3가지 신호

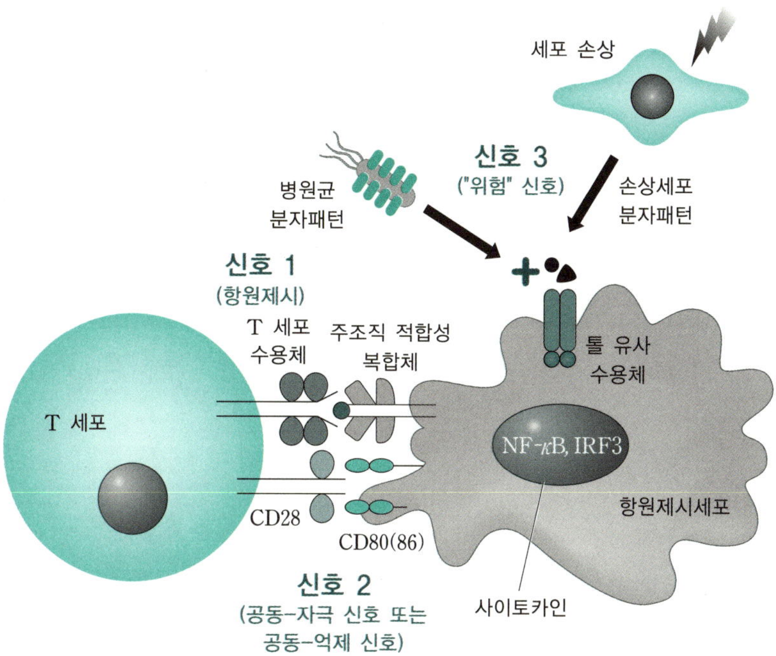


신호 1(Signal 1)은 수지상세포dendritic cell와 같은 항원제시세포antigen-presenting cell, APC에 의하여 항원 펩티드peptide와 결합된 주조직 적합성 복합체major histocompatibility complex, MHC 분자가 T 세포의 T 세포 수용체T cell receptor, TCR에 제시됨으로써 이루어진다. 신호 1만으로 면역반응이 일어나는 것은 아니며, CD80 또는 CD86과 같은 신호 2(Signal 2), 즉 공동-자극 신호co-stimulatory signal가 그 수용체인 CD28에 전달되어야 면역반응이 일어난다. 공동-자극 신호와 반대로 면역반응을 억제하는 신호 2, 즉 공동-억제 신호co-inhibitory signal도 존재하는데, 이 수용체는 CTLA-4 또는 PD-1 등으로서 신호 2를 차단하면 면역반응이 항진되므로 이러한 방법은 최근 항암 면역 요법에 널리 쓰이고 있다. 신호 1 및 신호 2 이외에 신호 3(Signal 3)도 필요하며 이는 '위험' 신호'danger' signal로

서 손상된 세포로부터 분비되는 손상세포 분자패턴damage-associated molecular pattern, DAMP 또는 병원성 미생물에서 유래된 병원균 분자패턴pathogen-associated molecular pattern, PAMP이 톨유사 수용체toll-like receptor, TLR 등의 선천 면역 수용체innate immune receptor에 의해 패턴 인식이 된다. 이어서 사이토카인cytokine 등이 분비되는 과정으로서 이 신호 3에 의해 본격적인 면역반응의 발생 유무가 결정된다[이 그림은 Innate immune receptors in type 1 diabetes: the relationship to cell death-associated inflammation. Kim and Lee. Biochem Soc Trans 48:1213-1225, 2020, (17)에서 전재된 것임]. [This figure was originally published in "Innate immune receptors in type 1 diabetes: the relationship to cell death-associated inflammation". Kim and Lee. Biochem Soc Trans 48:1213-1225, 2020 (17)]

2장

# 후성유전체와 면역

**한정환**(성균관대학교 약학대학)

## 후성유전체: 내 몸을 만드는 설계도

우리의 몸은 수없이 많은 세포로 이루어져 있는데, 이러한 세포들의 형태와 기능은 다르지만 모두 동일한 23쌍의 염색체DNA가 존재한다. 23쌍의 염색체(2n)는 아빠의 정자(n)와 엄마의 난자(n)로 구성되기에 이를 바탕으로 우리는 '유전'이라는 단어를 사용하는 것이다. 그렇다면 이러한 유전으로부터 우리의 키, 성격, 질병 등과 같은 것들이 전부 결정될까? 이 질문에 답하기 위해서는 후성유전체Epigenome에 대한 이해가 필요하다.

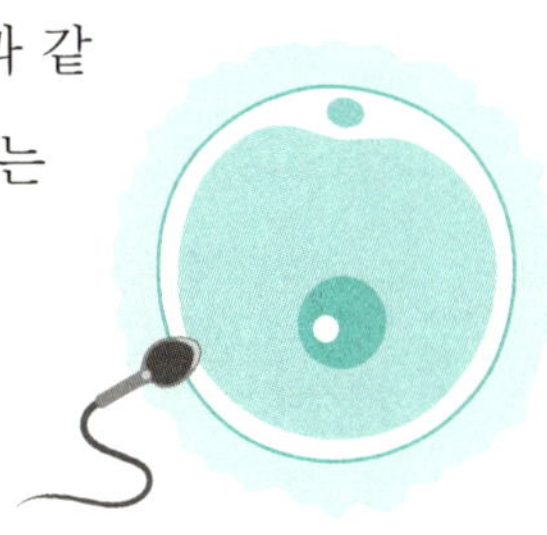

후성유전체란 DNA 염기서열(A,T,G,C)의 변화 없이도 유전자 발현gene expression에 변화를 일으키는

요소factor를 일컫는다. 부모로부터 물려받은 '유전체', 즉 DNA는 컴퓨터의 하드드라이브, CPU 등과 같은 하드웨어라고 비유할 수 있으며, 후성유전체는 이러한 하드웨어를 이용하는 윈도우 프로그램과 같은 소프트웨어라고 비유할 수 있다. 똑같은 하드웨어를 가지고 있는 컴퓨터도 어떠한 프로그램을 설치하여 사용하느냐에 따라서 완전히 다른 용도로 사용될 수 있는 것처럼, 우리 몸의 모든 세포도 같은 DNA를 가지고 있지만 서로 다른 후성유전체를 통하여 전혀 다른 유전자 발현 양상을 보이며 이에 따라 각기 다른 모양과 기능을 가지게 된다.

후성유전체를 설명할 때 '일란성 쌍둥이'를 예로 들어 소개하고는 한다. 일란성 쌍둥이는 같은 수정란이 분리되어 각각의 태아로 자란 것으로 99.9%의 유전자가 같다. '그렇다면 이들은 키와 성격이 같고 동일한 질병이 발생할까?'에 대한 궁금증의 해답을 얻기 위해, 각각 다른 환경에서 오랜 기간 생활해 온 일란성 쌍둥이를 대상으로 후성유전체 검사가 이루어진 적이 있다. 후성유전체에 해당하는 'DNA 메틸화methylation'와 '히스톤 변형Histone modification' 패턴이 서로 다른 것을 확인하였고 이로 인해 키, 성격, 질병 등도 다르게 나타난다는 점을 알 수 있었다. 즉 첫 문단의 질문에 대한 답은 '전부 결정되지는 않는다.'이다.

후성유전체에 대해 이해하였다면, 정자와 난자가 만나 생성된 수정란 한 개에서 어떻게 우리 몸의 여러 조직을 만드는지도 쉽게 이해할 수 있다. 조직이 형성될 때 필요한 유전자 A, B, C, D가 존재한다고 하면, 그 유전자 중 A가 발현되지 않을 때 '뇌'가 되고 B가 발현되지 않을 때는 '심장'이 되며 A와 B 모두 발현되지 않을 때는 '폐'가 되는 방식이 존재한다는 것이다. 그리고 이러한 방식에서 우선시 되는 것은 후성유전

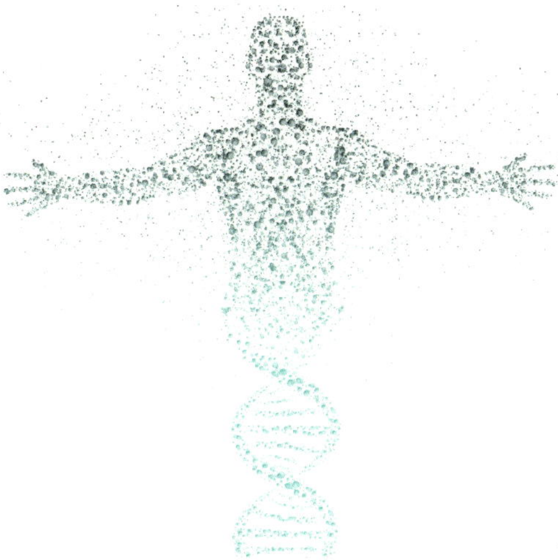

그림 2.1
내 몸을 만드는 설계도,
후성유전체

체에 의해 조직 특이적 유전자 발현의 변화를 일으키는 것이다. 즉 후성유전체는 '내 몸을 만드는 설계도' 역할을 하고 있다.

## 후성유전체와 면역세포: 최전방 공격수를 설계하라

사람의 체내에는 외부에서 유래하는 유해한 물질을 차단하고 방어하는 '면역 체계Immune system'가 존재한다. 이러한 면역 체계는 몇 가지 단계를 거쳐 우리 몸을 방어한다. 먼저 감시자 역할을 하는 세포들이 외부 물질을 포착하고, 다른 세포들과 협동하여 포착한 물질을 제거하는 동시에 우리의 면역 체계가 이 물질을 기억하게 한다. 이후에 우리의 몸이 같은 외부 물질에 노출되었을 때 더 쉽고 빠르게 반응할 수 있도록 준비를 하는 것으로 이 과정을 '적응면역'이라고 부른다.

이러한 적응면역이 이뤄질 수 있도록 다양한 역할을 하는 세포들이 혈액 속에 돌아다니면서 각자의 역할을 하고 있다. 대표적인 면역세포에는 대식세포, T 세포, B 세포 등이 있다. 먼저 대식세포는 감시자의 역할과 포식자의 역할을 한다. 우리 몸에 새로운 외부 물질이 들어왔을 때, 이를 가장 먼저 인식하는 역할을 대식세포가 맡고 있다. 대식세포는 '포식자'로서 체내로 들어온 외부 물질을 잡아먹고, 다른 면역세포에 이 물질에 대한 정보를 전달하는 '감시자'의 역할을 하게 된다. T 세포는 도움 T 세포와 세포독성 T 세포로 나뉜다. 도움 T 세포의 경우, 대식세포가 제시한 정보를 파악하여 다른 면역세포들에게 정보를 전달하는 '전달자'의 역할을 한다. 도움 T 세포는 주로 세포독성 T 세포와 B 세포에 정보를 전달하게 되는데, 이를 통해 발달한 세포독성 T 세포는 정보를 받아 직접 외부 물질을 공격하는 '자객'의 역할을 하며, B 세포는 전달받은 정보를 통해 그 외부 물질을 포집할 수 있는 '항체'를 만들게 된다.

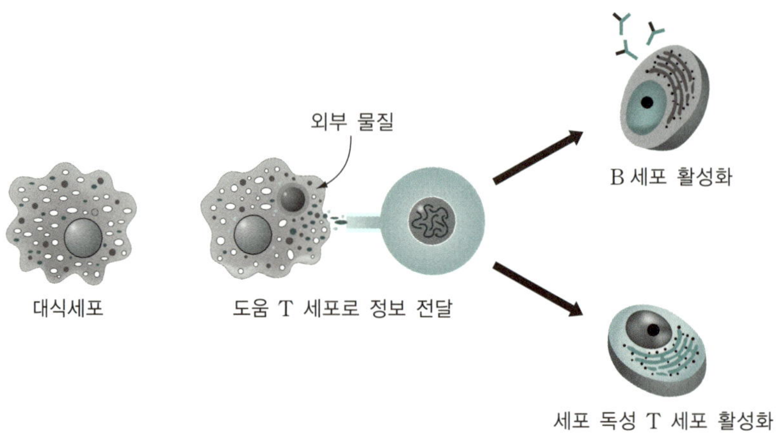


그림 2.2 외부 물질에 의한 면역세포의 활성화 과정

그렇다면 인간의 유전자는 한정적인데, 어떻게 많은 종류의 외부 물질에 대해 대응할 수 있는 여러 종류의 세포가 만들어질 수 있을까? 먼저 T 세포와 B 세포는 모두 조혈 모세포라는 같은 세포에서 유래한다. 이 한 종류의 줄기세포로부터 다른 세포가 만들어지려면, 각 세포에 특이적인 유전자가 발현되어야 한다. 예를 들어 B 세포로 분화가 되어야 하는 세포들은 염색체의 구조변화로 PAX5라는 유전자 주변에서 염색체가 열리게 되고, 이 유전자의 발현을 유도한다. 이 과정에서 일어나는 히스톤 변형에 의한 염색체 구조의 변화는 대표적인 후성유전학적 변화이다. 히스톤의 메틸화methylation가 감소하고, 아세틸화acetylation가 증가하면 염색질이 열리게 되고, 핵 내에서 유전자가 발현하기 좋은 환경을 만들어 준다. 이렇게 B 세포 특이적인 유전자가 발현되면 B 세포에 필

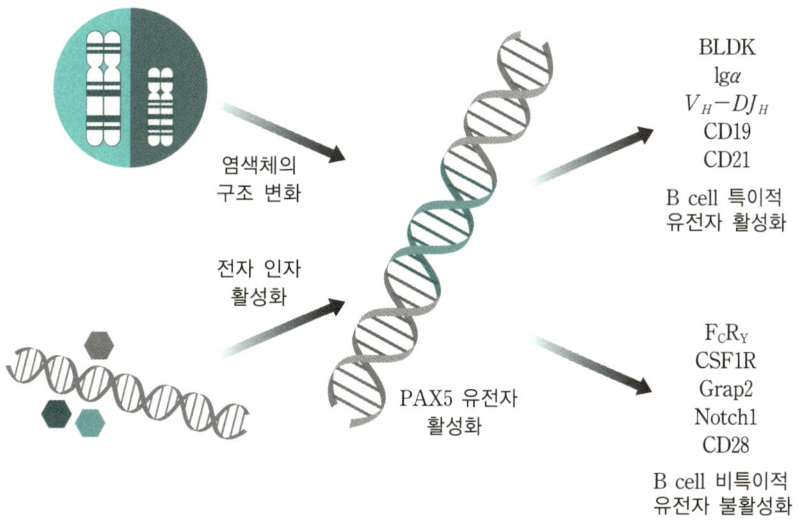


그림 2.3 후성유전학에 의한 세포 특이적 유전자 활성화

요하지 않은 세포 내 신호전달은 감소하고, B 세포 분화에 필요한 세포 내 신호전달이 증가하게 된다. 후성유전학적 조절이 세포의 운명을 결정하는 시작점이 되는 것이다.

T 세포와 B 세포는 특정한 외부 물질(이하 '항원')을 인식하는 부위를 가지고 있다. 이 부분을 통해서 특징적인 항원에 대해 면역반응을 일으킬 수 있는 것이다. 이런 인식 부위를 항원 수용기라고 하며, 각각의 세포에 따라 T 세포 수용기T cell receptor, TCR와 B 세포 수용기B cell receptor, BCR로 구분할 수 있다. 이 항원 수용기를 결정하는 중요한 과정 중 하나로 VDJ 유전자 재조합 과정이 있다. 이러한 유전자 재조합 과정은 수없이 많은 종류의 T 세포와 B 세포에 서로 다른 항원 수용기를 장착할 수 있게 만들어 준다. V는 44종류의 Variable 영역, D는 27종류의 Diversity 영역, J는 6종류의 Joining 영역을 의미하며 세 영역에서 어떤 DNA 서열을 선택하는가에 따라서 서로 다른 항원 수용기를 가지게 된다. 이 과정에서 후성유전학 개념이 다시 등장하게 된다. DNA 서열이 마치 일렬로 펼쳐져 있다고 생각하기 쉽지만, 실제로 핵 내에서 재조합 과정이 일어나기 위해서는 DNA가 접혀서 3차원 구조를 이루면서, 펼쳐져 있을 때는 멀리 떨어져 있으나 접히게 되면 가까운 위치에 놓이게 된다. 일자 형태인 털실을 뜨개질하여 3차원 모양과 기능이 있는 털장갑을 만든다고 생각하면 비슷하다. 이렇게 후성유전학적 인자들이 수없이 긴 V, D, J 영역의 DNA를 접어 모양을 만들면, 각각의 T 세포와 B 세포들은 서로 다른 V, D, J 서열을 선택함으로써 다른 항원 수용기를 만들어내게 된다.

## 면역질환에서의 후성유전체 이상

우리 몸의 면역 체계 발달에 있어 후성유전체는 중요한 역할을 한다. 거꾸로 생각해 보면, 후성유전체 조절에 이상이 생긴다면 우리 몸의 면역 체계에도 문제가 발생할 수 있는 셈이다. 다양한 후성유전체 조절자에 이상이 생기면 백혈병을 일으킬 수 있다고 보고되는데, 특정 유전자를 예시로 들어 설명하자면, EZH2라는 유전자는 핵 내에서 H3K27me3이라는 히스톤 변형을 통해 염색질의 변화를 조절한다. 이 EZH2라는 유전자가 너무 많이 발현하거나 아예 기능하지 못하게 되면, H3K27me3의 조절이 제대로 이루어지지 않아 면역세포에서 유전자 발현 조절이 정상적으로 일어나지 못하게 된다. 그 결과 림프구나 다른 면역세포의 비정상적인 증식을 초래하여 림프구 및 백혈구가 과도하게 증식하는 혈액암의 일종인 백혈병이 일어나게 된다. 다양한 후성유전체 조절자와 그로 인한 히스톤 변형의 변화에 기인한 백혈병 발병 요인들을 표 2.1에 정리하였다.

우리 몸의 세포들끼리 의사소통을 하는 방법 중에, 세포 밖으로 특정 물질을 전달하여 다른 세포로 정보를 전달하는 경우가 있다. 특히 면역세포와 관련된 이런 물질들을 '사이토카인Cytokine'이라고 부른다. 면역세포에 어떠한 사이토카인이 전달되느냐에 따라서 세포의 상태나 역할이 변화하게 된다.

그런데 일부 자가면역질환이나 피부질환에서 면역세포의 후성유전체에 문제가 생기면, 올바르지 못한 면역반응이 일어나게 된다. 예를 들어 전신성 홍반 루프스라는 유명한 자가면역질환을 앓는 환자들의 T 세

표 2.1 히스톤 변형의 변화로 인한 백혈병 발병 요인

| 후성유전체 조절자 | 히스톤 조절의 변화 |
|---|---|
| CREBBP 불활성화<br>EP300 불활성화 | H3K18ac ↓ |
| MMSET 과발현 | H3K36me2 ↑ |
| SETD2 불활성화 | H3K36me3 ↓ |
| UTX 불활성화<br>EZH2-Y641 돌연변이<br>EZH2 과발현 | H3K27me3 ↑ |
| EZH2 불활성화 | H3K27me3 ↓ |
| MLL2 불활성화 | H3K4me3 ↓ |
| 돌연변이 MLL1이 DOT1L 모집 유도 | H3K79me2/3 ↑ |

포는 인터류킨-10Interleukin-10이나 인터류킨-13이라는 사이토카인을 만들어내는 DNA 영역에서 메틸화가 감소되어 있다. 그 결과 비정상적인 사이토카인의 활성화에 의해 B 세포와 T 세포의 면역반응이 과도하게 활성화되고, 이렇게 활성화된 면역세포는 외부에서 유래한 물질이 아닌 우리 몸에 원래 존재하는 물질을 공격하는, 올바르지 못한 면역세포가 된다.

후성유전체는 사람들에게 단순한 유전자라는 개념보다는 덜 알려졌지만, 실제로 생명체가 유전자를 이용하여 살아가는 데 있어 굉장히 중요하게 작용한다. 그중에서도 면역세포에서 이런 후성유전체들이 어떻게 작용하는가에 대해 연구하여 우리 몸이 외부의 물질을 더 효과적으로 방어하고, 자신을 해치지 않는 올바른 면역반응을 일으킬 수 있도록 하는 요인들을 찾아내는 것이 매우 중요하다.

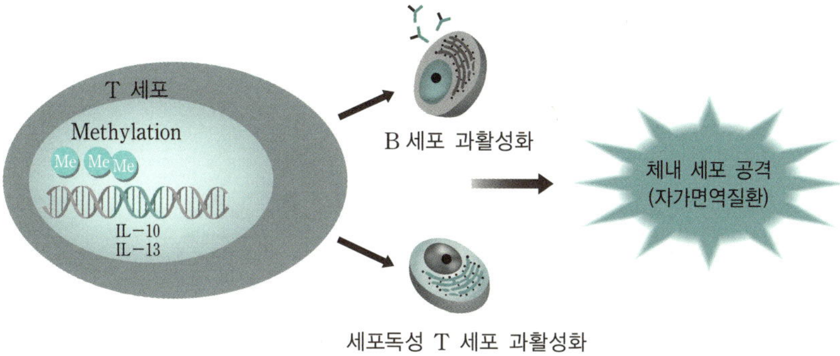


그림 2.4 후성유전학적 문제에 의한 자가면역질환의 발병 과정

많은 연구진은 이러한 요인들을 찾아내면서 좀 더 손쉽고 안전하게 후성유전체를 조절하는 방법을 연구하고 있으며, 이러한 연구는 지금까지 치료하기 어려웠던 질환들을 극복하는 데 큰 도움이 될 것이다.

3장

# 코로나바이러스 감염과 면역

**최평균 · 오명돈**(서울대학교 의과대학 감염내과)

코로나19는 급성호흡기증후군 코로나바이러스-2severe acute respiratory syndrome coronavirus-2, SARS-CoV-2에 의한 호흡기 질환으로, 2019년 12월에 중국 우한지역에서 처음 출현한 이후 전 세계로 급격히 퍼져나갔고 그 결과 2020년 3월 11일, 세계보건기구World Health Organization, WHO는 코로나19의 대유행을 선언하였다. 세계보건기구의 보고 자료에 따르면, 2021년 5월 말까지 전 세계에 1억 6천만 명 이상의 코로나19 환자가 발생하였고 이 중 340만 명 이상이 사망하였다고 한다. 코로나19의 대유행은 세계 곳곳에 큰 사회 경제적 여파를 주고 있다.

바이러스는 세포 내에서만 기생하여 살아갈 수 있는 생명체로 세포에 침투하여 복제 증식한다. 바이러스가 세포를 감염시키면 세포가 사멸되거나 세포 융합으로 다핵거대세포가 형성되기도 하며 불멸화되기도 하지만 아무 변화가 발생하지 않기도 한다. 우리 몸의 면역 체계는 바이러스가 세포 밖에 있을 때나 세포 내에 있을 때 모두 공격할 수 있으며, 이러한 반응은 바이러스의 종류와 상관없이 발생하는 비특이적인 반응과 특정 바이러스에 따라 발생하는 특이적인 반응으로 구분할 수 있다. 바이러스 감염에 대한 면역반응은 감염된 부위, 세포 사이 바이러스의 전파 기전, 우리 몸의 생리학적 상태, 유전적 소인과 환경 요인에 따라 매우 다양하게 나타난다.

## SARS-CoV-2에 대한 초기 면역반응

바이러스에 대한 면역반응 중 바이러스의 종류에 상관없이 발생하는 비특이적인 면역은 선천 면역, 자연 면역, 내재 면역으로도 불린다. 이들은 특정한 병원체를 기억하지 않고 즉각적으로 반응하는 면역반응으로, 바이러스 감염에 대한 일차적인 방어선이다. 피부 상피 세포층과 같이 바이러스가 쉽게 통과할 수 없는 물리적 장벽들, 기침이나 점막 섬모운동, 연동운동과 같이 미생물을 물리적으로 제거하는 활동과 더불어 호중구, 대식세포, 수지상세포와 같은 면역세포들에 의한 포식 작용은 선천 면역반응에 중요한 역할을 한다.

세균이나 바이러스에는 우리 몸의 구성 성분과는 다른 고유한 특성(pathogen-associated molecular pattern, PAMP, 병원체연관분자유형)이 있는데, 우리 몸의 면역 체계가 이 PAMP를 탐지하는 활동이 바로 감염으로 인한 면역반응의 시작이다. 바이러스에 의한 감염이 발생하면 바이러스의 구조물, 바이러스 증식 과정에서 합성되는 물질들이 우리 몸의 면역 체계의 유형인식수용체에 의해 인지되고, 이어 제1형 인터페론type 1 interferon, 염증성 사이토카인cytokine, 케모킨chemokine 등의 신호전달물질 분비를 촉진한다.

제1형 인터페론은 이웃 세포들의 인터페론 수용체와 결합하여 세포가 항바이러스 활성 상태가 되도록 유도해서 바이러스의 증식을 억제할 수 있게 만든다. 즉 세포 안의 단백질 키나아제를 활성화하여 단백질이 만들어지는 것을 억제하고, 외부의 유전물질을 제거하는 엔도뉴클레아제 효소를 활성화하여 바이러스의 RNA를 파괴함으로써 궁극적으로 침입한 바이러스의 증식을 억제하는 것이다. 이 과정은 선천 면역 체계가 침입한 바이러스에 대응하는 가장 중요한 기전 중 하나이다.

사이토카인과 케모킨은 세포와 세포 사이에서 신호를 전달하는 물질이다. 케모킨은 세포의 이동을 유도하는 신호로 세포들을 면역반응이 필요한 특정 위치로 불러들이는 역할을 한다. 사이토카인은 여러 면역세포를 활성화하여 침입한 미생물과 맞서 싸울 태세를 갖추게 하는 동시에 더 많은 사이토카인을 생성하도록 유도한다. 만약 면역 체계가 과도하게 반응하여 사이토카인이 급속하게 많은 양이 분비되면, 우리 몸의 면역 체계가 침입한 바이러스뿐 아니라 정상조직까지 공격하게 되는데, 이러한 현상을 '사이토카인 폭풍'이라고 한다.

중증 코로나19 환자에게서 이러한 사이토카인 폭풍이 환자들의 폐에 염증 및 손상을 일으키는 주요 원인으로 지목되고 있다. 우리 몸을 감염으로부터 지키기 위해 분비되는 사이토카인이 이토록 해로운 결과를 초래하는 이유는 바로 우리 몸의 면역반응이 양날의 검이기 때문이다. 여러 연구에서 중증 코로나19 환자들에서 IL-1β, TNF-α, GM-CSF 등 염증성 사이토카인의 분비가 증가하는 것이 관찰되었다. 강력한 염증을 유발하는 사이토카인인 IL-1β는 손상된 조직의 회복을 돕지만, 과도하게 분비되면 염증이 심해지고 조직이 딱딱하게 굳는 섬유화가 진행할 수 있다. TNF-α는 세포의 괴사 및 자살을 유도하는 물질로 감염된 세포를 사멸시켜 바이러스의 증식을 막을 수 있지만, 과도하게 분비되면 바이러스에 감염되지 않는 건강한 세포들까지 죽게 만들어 조직 손상을 유발할 수 있다. 또한 GM-CSF는 백혈구의 성장을 촉진하는 사이토카인으로 탐식 작용을 통해 감염된 세포 및 바이러스를 제거할 수 있는 호중구의 생성을 촉진한다. 하지만 이 과정에서 주위 세포들을 무차별적으로 함께 제거할 수 있고, 엘라스타아제라는 효소를 분비하여 조직 손상을 일으키기도 한다. 즉 사이토카인 폭풍으로 인하여 유발한 과도한 염증 반응은 폐 조직의 손상을 일으켜, 심할 경우 급성 호흡곤란 증후군Acute respiratory distress syndrome, ARDS으로 이어져 체내에 필요한 산소 공급을 부족하게 만들어, 다발 장기 부전이 발생하고 사망에까지 이르게 할 수 있다.

바이러스에 대한 면역반응 중 특정 바이러스에 특이적인 면역반응을 후천 면역, 특이 면역, 또는 획득 면역이라 하고 B 세포와 T 세포에 의한 항체반응 및 세포 매개 면역반응을 통해 바이러스에 특이적인 시스템을 갖추어 대항한다. 항원은 이 후천 면역반응을 끌어내는 물질로 수지상 세포는 감염된 세포를 포식한 뒤 바이러스의 단백질을 분해하여 그 조각으로 T 세포 등 후천 면역세포들이 바이러스를 식별할 수 있는 표지(즉 항원)를 만든다. T 세포는 항원을 인지한 이후에 활동을 시작하는데,

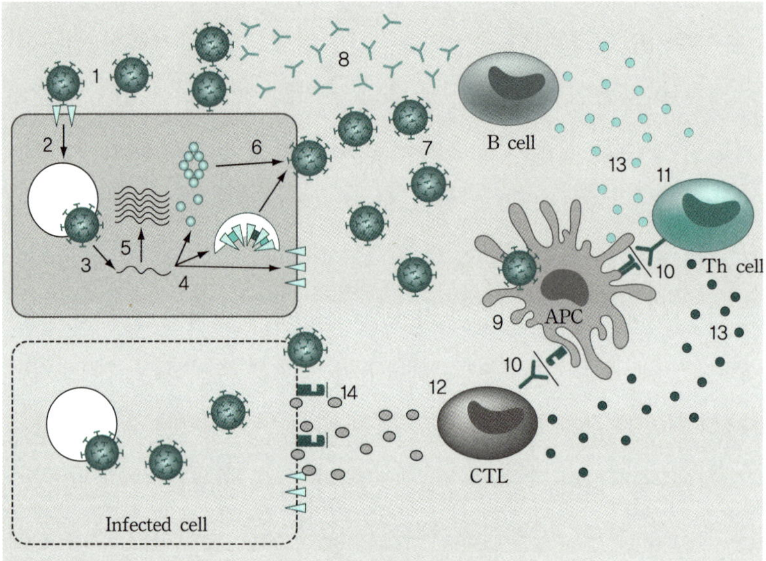


그림 3.1 SARS-CoV-2 감염과 면역반응 발생 단계
출처: Poland GA, et al. Lancet 2020;396:1595-1606

1. ACE2 수용체와 SARS-CoV-2 바이러스의 상호작용을 통하여 SARS-CoV-2 바이러스 입자가 세포 표면에 부착한다.
2. 바이러스 입자가 세포 내로 진입한다. 이때 바이러스의 단백질이 세포막에 있는 유형 인식 수용체pattern recognition receptor에 인지되면 염증반응과 선천적인 항바이러스 반응이 유발된다.
3. 세포막 융합이 일어나면 바이러스의 RNA가 세포 내로 방출된다.
4. 바이러스 RNA로부터 바이러스 단백질이 합성된다.
5. 바이러스 RNA가 복제되어 뉴클레오캡시드 단백질과 결합한다.
6. 여러 자녀 바이러스 입자들이 생성된다.
7. 우리 몸의 B 림프구의 표면에 있는 수용체가 바이러스 구조를 이루고 있는 돌기 당단백질spike glycoprotein과 뉴클레오캡시드 단백질을 인지한다.

8. 바이러스 단백질을 인지한 B 림프구가 바이러스 표면에 있는 돌기 당단백질에 결합할 수 있는 항체를 생성하고, 돌기 당단백질의 수용체 결합 부위 Receptor binding domain, RBD을 표적으로 하는 중화 항체를 만든다.
9. 우리 몸의 항원제시세포Antigen presenting cell, APC가 바이러스를 포식한다.
10. 항원제시세포는 바이러스의 구조를 이루고 있는 단백질이나 구조를 이루지 않는 단백질 모두로부터 항원을 T 세포에 제시한다.
11. 도움 T 세포가 활성화된다.
12. 이후 세포독성 T 세포가 활성화된다.
13. 도움 T 세포가 여러 사이토카인을 생성한다.
14. 세포독성 T 세포가 바이러스에 감염된 세포를 인지하여 파괴한다.

선천 면역 단계에서 작용하는 수지상세포나 대식세포가 T 세포에 바이러스의 항원을 제공하는 임무를 수행하여, 이들 세포를 항원제시세포 antigen-presenting cell, APC라 부른다.

T 세포에는 다양한 종류가 있다. 감염된 세포를 직접 공격하는 세포독성 T 세포, 사이토카인을 분비하여 다른 면역세포들의 활동을 조절하는 제1형 도움 T 세포, B 세포가 항체를 형성하도록 이끄는 제2형 도움 T 세포, 항원을 기억하고 있다가 다시 노출되면 빠르게 조치를 할 수 있도록 하는 기억 T 세포, 자연 살상 T 세포 등이 있다. B 세포는 형질세포로 분화되어 바이러스와 결합할 수 있는 특이 항체를 생산한다.

## SARS-CoV-2에 대한 체액 면역반응

체액 면역humoral immunity은 B 세포에 의하여 만들어진 항체에 의해 이루어지는 면역반응을 말한다. 바이러스에 감염이 되면 우리 몸의 면역계는 바이러스의 모든 성분에 대한 항체를 만들 수 있는데, 바이러스 입자의 표면에 있는 항원에 대해 형성된 항체는 바이러스가 세포에 부착하지 못하도록 하여 바이러스의 감염성을 중화neutralization한다.

바이러스는 세포 내에서 기생해야만 살아갈 수 있는 생명체로 증식을 위해서는 숙주세포의 내부 물질을 사용해야 하므로, 숙주세포 안으로 들어가는 것이 필요하다. 바이러스가 우리 몸의 세포 속으로 들어가기 위해서는 바이러스 표면에 있는 돌기 당단백질spike protein과 우리 몸의 세포에 있는 수용체 사이의 상호작용이 필요하다. 우리 몸의 면역계에 의하여 생성된 바이러스에 대한 항체 중 돌기 당단백질과 결합하는 항체, 특히 돌기 당단백질의 수용체 결합 부위Receptor binding domain, RBD에 결합하는 항체는 이 돌기 당단백질과 우리 몸 세포의 수용체 사이의 상호작용을 방해한다. 따라서 이러한 항체가 있다면 바이러스가 우리 몸 안으로 들어가지 못하여 감염이 일어나지 않는다. 이렇게 바이러스가 표적 세포 내로 침입하는 것을 막을 수 있는 항체를 중화 항체neutralizing antibody라고 하고, 항체 중화 반응은 바이러스를 감염성 상태에서 비감염성 상태로 전환하게 한다.

플라크 감소 중화 항체 측정법Plaque Reduction, Neutralization Test, RANT 등의 검사를 해보면 우리 몸의 혈액 안에 바이러스에 작동하는 중화 항체가 있는지, 있다면 어느 정도나 있는지 측정할 수 있다. 이러한 검사를 이용하여 실제 코로나19를 앓은 환자들에서 중화 항체가 형성되는지 검사를 해보면, 면역력에 문제가 없는 대부분 환자에서는 감염이 발생한 지 7~14일 이후부터 중화 항체를 생성하기 시작하여, 감염이 발생한 지 3주까지는 계속 증가하다가 이후 점차 감소한다. 환자들에서 생성되는 중화 항체의 양은 질병의 중증도에 따라 증가하여, 면역력에 문제가 없는 건강한 성인이 코로나19를 가볍게 앓으면 면역력이 생기더라도 미약할 수 있다.

코로나19를 앓은 환자들에서 생성된 중화 항체가 얼마나 지속할 것인가는 이들 환자에서 재감염이 발생할 수 있는지, 집단 면역을 통하여 현재 코로나19의 유행의 종식을 기대할 수 있는지, 백신으로 형성된 면역은 얼마나 지속할 수 있는지 등의 질문에 답을 줄 수 있는 중요한 사항으로, 여러 연구자가 그 답을 찾기 위하여 활발하게 연구를 하

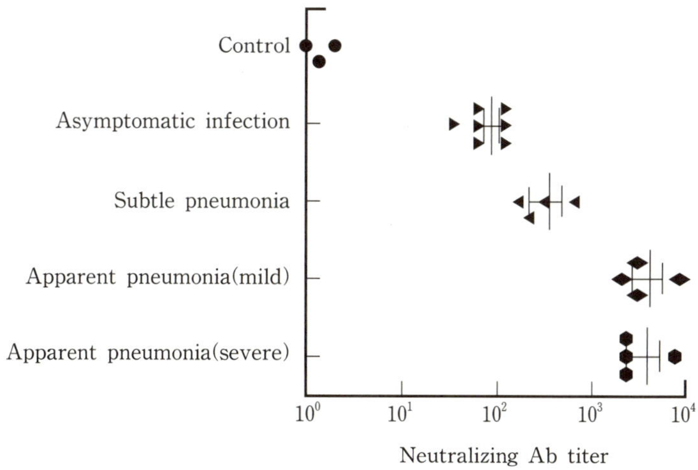


그림 3.2 임상 양상의 중증도에 따른 중화 항체 역가

출처: Choe PG, et al. Emerg Infect Dis 2020;26(10):2484-7

고 있다. 과거 2003년에 유행하였던 중증호흡기증후군 코로나바이러스나, 2012년부터 유행하고 있는 중동호흡기증후군 코로나바이러스의 경우 감염된 환자에서 시간이 지남에 따라 항체의 양이 감소하여 감염이 발생한 지 2~3년 후에는 미미한 수준의 항체만 유지되었다. 계절성 코로나바이러스의 경우에는 중화 항체가 6~12개월 정도 지속하는 것으로 보이며, 12개월이 지나면 재감염이 발생하는 보고들도 있다.

## SARS-CoV-2에 대한 예방주사

우리 몸의 면역계는 미생물에 의한 감염을 후천성 면역반응을 통하여 극복하면, 그 질병으로부터 신체를 보호하는 방법에 대해 배운 내용을 '기억 T 세포'를 통해 기억한다. 이렇게 면역 체계가 특정 항원에 대한 면역반응을 기억하고 있다면, 다시 그 항원을 가진 미생물이 침입하였을 때 신속하고 효율적으로 면역계가 이에 반응할 수 있게 된다.

백신 또는 예방주사는 우리 몸의 면역 체계가 항원을 미리 인체에 투여하여 항체를 형성하게 함으로써 그 미생물에 저항하는 후천 면역이 생기도록 유도하는 의약품이다. 예방주사는 우리 몸의 면역계에 항원을 드러내는 방식에 따라 약독화 생백신, 불활성화 백신, 서브 유닛 백신, 핵산 백신, 벡터 백신 등으로 분류할 수 있다.

코로나19의 대유행이 시작된 이후로, 효과적인 백신을 찾기 위한 노력이 공공 연구비의 적극적인 지원, 민간-공공 파트너십 프로그램 등을 통해 유례가 없을 정도라 빠르게 진행되었다. 이에 바이러스 및 염기서열이 확인된 지 수개월 만에 백신 후보들에 관한 임상 연구가 진행되어, 각 규제 기관으로부터 긴급사용 승인을 받아 사용하고 있다. 코로나19에 대해 개발 중인 백신은 크게 핵산 백신인 RNA 백신, 바이러스 벡터 백신, 재조합 백신이 있다.

RNA 백신은 우리 몸의 세포에 SARS-CoV-2 바이러스의 돌기 당단백질을 합성하도록 지시하는 물질인 전령RNAmessenger RNA를 주입하는 의약품이다. 우리 몸에 주입된 전령RNA는 돌기 당단백질을 한 번 합성하도록 유도한 이후, 바로 우리 몸의 세포에 의해 파괴된다. 이 백신은 전

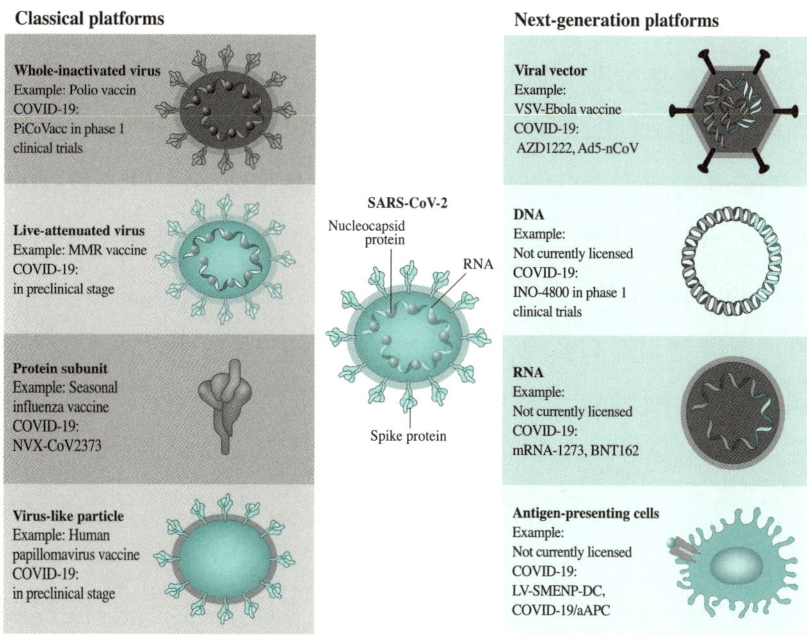


그림 3.3 코로나19 백신을 만드는 여러 방법(플랫폼)

출처: van Riel, D., de Wit, E. Next-generation vaccine platforms for COVID-19. Nat. Mater. 19, 810–812. 2020

령RNA로부터 단백질을 합성하는 자연스러운 생물학적 현상인 '번역translation'을 통하여 면역을 획득할 수 있다는 점에서 다른 기전을 갖는 예방주사와 구분된다. 또한 바이러스의 염기서열이 분석되면 바로 백신을 개발할 수 있어 개발 속도를 높일 수 있다는 장점이 있다. 실제로 코로나19에 대한 RNA 백신도 SARS-CoV-2의 염기서열이 분석된 후 단지 2개월만에 사람에게 투여하는 임상시험을 시작할 수 있었다. 다만 RNA 분해효소에 의해 쉽게 주성분인 RNA가 분해될 수 있어, 보관을 위해서는 초저온 상태를 유지해야 하므로 보관과 수송이 복잡하다는 단점이 있다.

그리고 바이러스 벡터 백신은 SARS-CoV-2 돌기 당단백질 항원의 유전자를 인체에 해가 없는 바이러스 주형에 주입하여 체내에서 항원 단백질을 생성하게 함으로써 면역반응을 유도하는 예방주사이다.

더불어 재조합 백신은 유전자재조합 기술을 이용하여 만든 항원 단백질을 직접 주입하여 면역반응을 유도하는 백신으로, 가장 많이 사용되는 예방주사 방식 중 하나이다. 재조합 항원 단백질만으로는 면역반응이 잘 유발되지 않을 수 있어 일반적으로 면역증강제를 함께 주입하며, 오랜 기간 사용한 방식이라 비교적 안전한 것으로 알려져 있다.

## 결론

바이러스는 세포 내에서 기생해야만 살아갈 수 있는 생명체로 증식을 위해서는 세포 속으로 침투하는 것이 필요하다. 우리 몸의 면역계는 바이러스 감염에 항바이러스 상태를 활성화하는 인터페론 작용 등의 선천 면역반응을 통해 일차적으로 방어한다. 후천 면역반응을 통해 만들어지는 항체는 감염 초기 단계에서 바이러스가 표적 세포 안으로 침투하기 전에는 매우 효과적으로 항바이러스 기능을 발휘하고, 바이러스 감염을 제거하는 데는 세포독성 T 세포의 역할이 중요하다.

4장

# 면역세포의 반란

자가면역질환

**심승철**(충남대학교 의과대학 류마티스내과)
**배상철**(한양대학교 의과대학 류마티스내과)

## 자가면역질환이란 무슨 병인가?

외부 항원이 아니라 자신의 세포와 조직에 존재하는 항원에 대해 이상 면역반응을 보이는 것을 자가면역autoimmunity이라고 한다. 그로 인해 조직 손상을 수반하는 질환을 자가면역질환autoimmune disease이라고 부른다.

조금 더 쉽게 설명하자면, 자가면역질환은 우리 몸에 침입하는 바이러스나 세균과 싸워 우리 몸을 지키는 면역세포가 잘못된 명령체계로 반란을 일으켜 우리 몸의 세포를 공격하는 질병들이다.

## 자가면역질환은 누구나 걸릴 수 있는 병인가?

우리 몸은 기본적으로 자가면역질환이 생기지 않도록 만들어져 있으며 그 이유는 다음과 같다.

### 우리 몸의 면역세포 훈련소는 교육을 완수한 세포만 철저하게 선별하여 실전에 배치한다

**배경지식**

우리 몸은 경제성이나 효율성보다 완벽한 제품을 만드는 것이 목표이다.

태아의 형성 과정을 보면 많은 영양분을 사용하여 어렵게 만든 2~5억 개의 정자 중 단 하나만 난자와 수정을 하고 나머지는 모두 분해된다. 마치 중세의 암흑기처럼 하나를 위해 다수의 희생을 강요하는 듯 보이는 것은 물론, 경제적으로나 정치적인 측면에서도 효율성이 떨어져 보인다. 그러나 의학적인 면에서는 훌륭한 태아를 만들기 위한 최상의 노력인 것이다.

이와 같은 논리가 면역계에도 적용되는데 중요한 면역세포인 림프구를 살펴보면, B 세포는 골수에서 하루에 1~2천만 개 정도 생산되지만 실제로 미생물을 경계하기 위하여 혈액 내로 실전에 배치되는 세포는 10% 미만이다. T 세포는 5천만 개 중 단지 2~4%만이 배치되고, 조금이라도 이상이 있는 나머지는 모두 사멸된다. 코로나 시대를 살아가는 우리로서는 바이러스와 싸울 면역세포가 하나라도 더 필요한 상황인데, 그 많은 세포를 만들자마자 배치도 하지 않은 채 죽인다는 점은 언뜻 이하기 어려운 부분이다.

이는 우리 몸은 감염균과 싸울 면역세포의 수가 부족할지라도 내 몸을 공격할 수 있는 반란 면역세포는 철저하게 선별하기 위함이다. 다시 말해 자가면역질환에 대한 첫 번째 방어책으로써, 우리 몸은 많은 군인을 양성하여 잘못된 군인이 만들어질 가능성을 키우기보다 철저하게 반란군을 배제하여 정예군을 배치하므로 자가면역질환이 생길 수 없다.

## 면역세포들은 만장일치 제도에 따른다

신라의 화백 제도는 만장일치를 통해 결정을 내리던 정치 제도이다. 이러한 만장일치 제도는 필요한 법을 빠르게 통과시켜 시행하는 데는 상당히 비효율적인 제도이다.

그러나 우리 면역계는 이와 같은 비효율적인 제도를 적용하고 있다. 면역세포 중 하나의 세포 정도만 미생물이 침입하였다는 사실을 인지하면 우리 몸을 방어하는 데 필요한 항체가 만들어지지는 않는다. 선천 면역세포가 미생물의 침범을 인정하고 후천 면역세포인 B 세포와 T 세포가 모두 같은 미생물의 침입을 인지하여 모두 전쟁에 동의해야 비로소 항체가 만들어지게 된다. 이 역시 코로나19 같이 단시간 내 섬멸이 필요한 시점에서는 상당히 효율이 떨어진다고 말할 수 있겠다. 정리하면 자가면역질환에 대한 우리 몸의 두 번째 방어책은 모든 면역세포가 반란에 참여하는 것이 아닌 한 가지 세포의 배반 정도로는 자가면역질환이 생길 수 없다는 점이다.

## 왜 면역세포는 전쟁을 하지 않는가?

우리 몸에는 수많은 미생물이 살고 있음에도 어째서 면역세포는 전쟁을 하지 않을까? 그 이유는 면역세포가 바로 평화주의자라는 점에 있다. 우리 몸을 지키는 군인 세포들은 평시에는 전쟁을 원하지 않는다.

구석기 시대부터 인류사에 전쟁이 없었던 시기는 없었다. 다행히 우리나라는 현재 휴전 중인 시기에 살고 있는데, 가능하면 전쟁이 일어나지 않도록 최선을 다해야 한다. 잘 알려진 바와 같이 수많은 사상자를 내기 때문이다. 더욱이 전쟁을 치르는 군인보다 민간인의 피해가 더 큰 것이 문제이다. 제2차 세계대전 시 사망자 중 군인은 33%, 민간인은 67%이었고, 한국전쟁에서도 사망자의 85%가 민간인이었다. 우리 몸에는 수많은 바이러스와 세균들이 살고 있는데 우리 면역세포들이 그들과 싸움을 하면 우리 몸의 정상적인 세포들이 피해를 보게 된다. 따라서 우리 몸의 군인 세포들은 피부나 장 내에 수많은 미생물과 대치하고 있으나 그들과 싸우지 않고 평화를 유지하고자 최선을 다하고 있다.

### 불가능한 환경에서도 자가면역질환이 발생하는 이유

미국보건원 자료에 의하면 미국에 2,400만 명의 환자(인구의 7%)가 자가면역질환을 앓고 있으며 시간이 갈수록 발생률이 높아지고 있다. 질환에 따라 발생률의 차이가 큰데 전신경화증은 아주 적어 인구 10만 명당 1~2명이며 류마티스관절염은 1,000명 정도로 상대적으로 많이 발생된다. 특히 자가면역질환은 여성의 건강에 중대한 영향을 미치는데 자가면역질환 중 3/4이 여성에서 발생하며 중년 이하의 연령대 여성의 주 사망원인이다.

자가면역질환은 한 가지 이상으로만 생길 수는 없고 유전적인 이상과 환경적인 이상이 복합적으로 작용하여 발생된다. 우선 다양한 유전적인 이상이 발병기전에 30% 정도 역할을 한다. 앞에서 설명한 다양한 자가면역질환 발생 방지 시스템에 유전적인 이상이 있는 경우에 자가면역질환이 발생하기가 쉽다. 자가면역질환은 한 가지 유전자의 이상으로는 생길 수는 없지만, 질환에 따라 수십 가지의 유전자의 이상이 복합적으로 작용하면 발생하게 된다.

또한 다양한 환경적 요인이 자가면역질환의 발생에 영향을 미치는

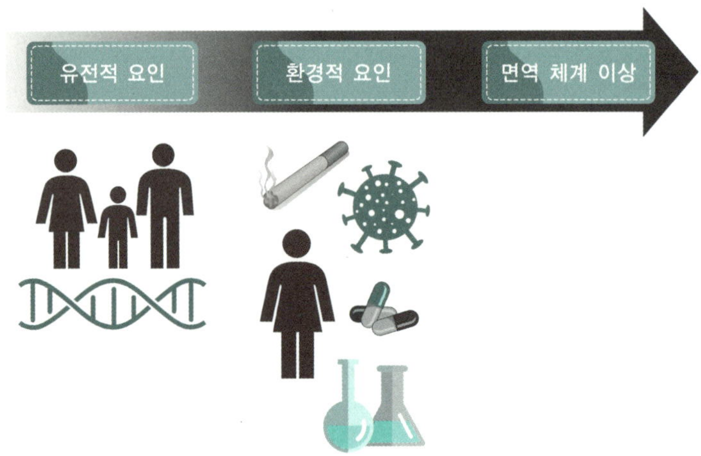


그림 4.1 자가면역질환의 발생 요인

것으로 알려져 있다. 가장 대표적인 것은 미생물 감염으로 질병을 유발 또는 악화시킬 수 있다는 점이다. 이는 우리 몸의 면역세포가 미생물과 전쟁을 마친 후, 미생물과 구조가 비슷한 우리 몸의 세포를 미생물로 착각하여 계속 공격한다는 가설이다. 또한 감염에 의한 염증반응 결과 세포 내부에 숨어 있었던 자가항원이 노출되기도 하며 약물, 외상, 흡연, 자외선 노출 등의 환경적인 요인에 의해 우리 몸 안의 염증유발 물질이 과다하게 생성되거나 혹은 우리 몸의 정상 단백질이 변성되어 자가면역 반응이 유발될 수 있다.

## 자가면역질환에는 어떤 질병들이 있나?

그렇다면 자가면역질환의 종류는 얼마나 있을까? 현재 80종이 넘는 자가면역질환이 있으며, 이 질환들은 전신 장기를 침범하는 질환(장기 비특이적 자가면역질환)들과 특정 장기에만 발생하는 질환(장기 특이적 자가면역질환)들로 분류할 수 있다.

장기 비특이적 자가면역질환으로는 류마티스관절염, 전신홍반루푸스, 쇼그렌병, 전신경화증, 다발성근염, 전신혈관염 등이 있다. 이 질환들의 경우 자가면역의 표적이 되는 항원이 전신에 고루 분포하며 주로 자가항체에 의해 조직 손상이 유발된다. 이에 반해 장기-특이적 자가면역질환의 경우는 자가항원이 특정 세포나 조직에 국한되는 제1형당뇨병, 다발성경화증, 그레이브스병, 하시모토갑상선염, 자가면역용혈성빈혈, 자가면역혈소판감소자반증, 중증근무력증 등이 대표적이다.

이 중에서 가장 대표적인 3가지 질환을 좀 더 자세히 소개하도록 하겠다.

### 핏속에 나쁜 물질이 흐르는 병: 류마티스관절염

흔히 '류마티스'라 하면 흐리고, 추운 날, 주로 노인들이 앓던 관절통과 신경통 정도로만 여기는 경우가 많은데, 류마티스관절염은 관절 조직을 비롯하여 전신의 다양한 기관을 침범하는 대표적인 자가면역질환이다. 류마티스라는 명칭은 고대 희랍어의 '흐르는 물질'이라는 말에 기원한다. 체액 병리설이 주장되던 시대의 고대 사람들은 병을 일으키는 물질이 관절로 흘러들어 관절이 붓고 아픈 것으로 생각하였다. 현대의학에서는 체내 면역 체계의 다양한 세포들과 사이토카인들이 질병의 발생과 악화에 관여되고 있음이 밝혀지고 있다.

류마티스관절염은 인구의 약 1%에서 발생하는 비교적 흔한 자가면

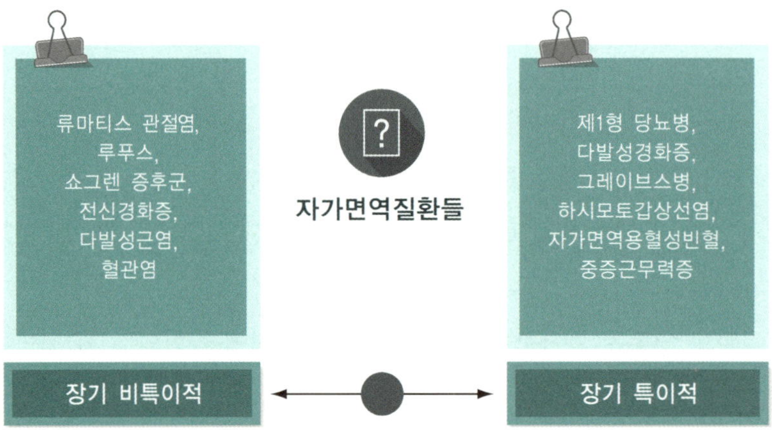


그림 4.2 자가면역질환의 종류

역질환으로, 발병 후 2년 내 환자의 약 70%에서 관절의 손상됨이 발견되므로 삶의 질을 심각히 저하하는 질환이다. 따라서 조기진단과 치료가 필수적이다.

병명이 관절염이기는 하지만 면역질환이기 때문에 관절 외 증상도 흔히 발생한다. 눈물샘이나 침샘에 염증이 생겨 눈물과 침이 나지 않아 눈과 입이 마르고, 목소리가 쉬고, 귀가 울리며, 폐렴, 신경염, 신장병에 이르기까지 어느 장기에나 문제를 일으키기 때문에 예측하기 어렵다.

## 천의 얼굴을 가진 병: 루푸스

과거 행복 전도사로 잘 알려져 있던 유명인이 스스로 생을 마감하는 사건이 있었다. 지병으로 인한 다양한 고통에 시달렸다고 유서에 남겼는데 그 질환이 바로 라틴어로 '늑대'라는 뜻의 루푸스이다.

정확하지는 않으나 얼굴 피부가 늑대에게 물린 것 같다고 하여 이름 붙여진 루푸스는 발병기전으로는 늑대와 아무 관련이 없다. 루푸스는 면역 체계에 이상이 생겨 자신의 면역세포들이 여러 장기를 공격하여 염증을 일으키는, 장기 비특이적 자가면역의 가장 대표적인 질환이다.

국내 유병률 조사에서 루푸스는 인구 10만 명 당 26.5명으로 발생한다. 흔한 질병은 아니지만 환자의 90%가 젊은 여성이며 임신 시 여성호르몬의 증가로 루푸스가 악화할 수 있어, 한 가족이나 사회적으로 심각한 문제를 유발하는 질환이다. 따라서 전문의와 상담하여 조기진단 및 치료를 받아야 하고 임신은 질환의 비 활성기에 하기를 권하며, 임신 시 먹을 수 있는 약을 올바르게 선택하여 성공적인 출산을 하도록 노력해야 한다.

루푸스의 증상은 매우 다양한데 감기처럼 가벼운 증상부터 미열, 두통, 관절통, 근육통, 피로감, 체중감소 등의 비특이적인 증상들과 입안이 자주 헐고 얼굴의 붉은 반점이 생기며 관절염, 늑막염, 심막염, 복막염, 폐렴, 빈혈, 신장염, 빈혈, 혈구 감소증, 우울증, 정신병, 신경마비 등 여러 장기를 침범하는 증상들 역시 생길 수 있어 천의 얼굴을 가진 질환으로 일컬어진다.

## 슬픈 영화를 보아도 눈물이 흐르지 않는 병: 쇼그렌병

지구 표면의 70%를 차지하는 물은 우리 몸의 70% 역시 구성하고 있다. 물은 우리 몸을 보호하기 위해 다양한 용도로 사용되는데 그중 한 가지가 외분비샘을 통해 수분을 공급하는 일이다. 수분 공급의 대표적 예로는 눈과 입에 수분을 공급하는 눈물과 침이 있다.

눈물은 슬픔이나 기쁨 등의 감정을 표현하는 데 중요한 요소이다. 그런데 소중한 눈물을 잃어버리게 되는 질환이 있는데, 바로 쇼그렌병이다. 쇼그렌병은 스웨덴의 안과의사인 헨릭 쇼그렌이 학술논문에 최초로 발표하여 명명되었으며, 인체 밖으로 액체를 분비하는 외분비샘에 면역세포가 침범하여 만성염증을 유발하고 침과 눈물 분비를 감소시키며 구강 및 안구에 건조 증상이 특징적으로 나타나는 질병이다. 류마티스 질환에 속하는 자가면역질환 중에서 류마티스관절염에 이어 두 번째로 많은 질환이기도 하다. 치료방법으로는 외분비샘 기능 항진제를 사용하거나 면역조절제를 사용한다.

## 내 몸에 자가면역질환이 있는지 어떻게 알 수 있나?

일반적으로 잘 알려진 고혈압과 당뇨병과는 달리 자가면역질환들은 진단하기가 쉽지 않다. 자가면역질환의 정의에 맞게 진단에 가장 중요한 것은 핏속에 자신의 세포를 공격하는 물질(자가항체)이 있는지를 발견하는 것이다. 우리 몸의 면역시스템이 잘못된 명령을 받아 우리를 지키는 항체 혹은 우리 세포의 핵을 공격하는 설명 불가능한 일들이 자가면역질환에서 발생하는데, 병의 증상에 앞서 이러한 공격 현상은 수년 전에 발견되므로 이를 이용하여 조기에 질병의 유무를 확인할 수 있다. 그동안 다양한 연구를 통해 자가항체들이 많이 발견되었다.

대표적인 것이 류마티스관절염 환자에서 나타나는 류마티스인자 rheumatoid factor이다. 예방 접종의 목적은 우리 몸에 균이 침입하였을 때 싸우는 항체를 미리 만들어 놓는 것이다. 원래 항체란 외부에서 침입해 온 균(항원)과 결합하는 것인데, 거꾸로 우리 몸에 존재하는 항체와 결합하는 항체를 류마티스인자라고 한다. 또한 최근에 항시트룰린화단백질항체anti-citrullinated protein antibody라는 자가항체가 추가적으로 연구되어 진단에 사용하고 있으며, 추후 관절 손상을 예측하는 지표로도 이용되리라고 생각한다.

한편 우리 몸 안에는 70조 개의 세포가 존재하는데, 루푸스나 쇼그렌병 환자에서는 우리 세포의 핵을 공격하는 항체(항핵항체)가 발생하여 이를 이용해서 진단할 수 있다.

## 자가면역질환은 어떻게 치료하나?

과거의 자가면역질환에 대한 치료법은 초기에 비스테로이드항염제Non-Steroidal Anti-Inflammatory Drugs, NSAIDs로 통증을 조절하고, 효과가 없을 때 치료 효과가 높은 항류마티스제제Disease Modifying Anti-Rheumatic Drugs, DMARDs들로 단계적으로 올라가는 피라미드 치료법이 주로 제시되었다. 그러나 최근에는 증상의 조절보다 관절 손상을 억제하는 것이 중요하여 초기에 항류마티스제제를 사용하는 소위 역피라미드식 치료 접근 방법을 권고하고 있다.

다행히 최근 류마티스관절염의 병인 질병 진행에 대한 연구 등으로 염증에 관여하는 사이토카인cytokine과 T 세포 및 B 세포 같은 면역세포들의 역할이 규명되고, 이를 억제하는 소위 생물학적제제biologics들이 개발되어 상용화됨에 따라 질병의 치료 효과가 높아졌다. 또한 생물학적제제의 가격의 부담을 줄인 바이오시밀러Biosimilar제제가 한국 주도로 개발되어 상용화되고 있으며 사용의 불편함을 개선한 경구용 표적치료제target therapy들도 개발되어 소위 류마티스 치료제 개발의 '르네상스' 시대라 할 수 있다.

루푸스와 같은 질환의 치료는 면역반응으로 생긴 염증을 억제하는 항말라리아제, 스테로이드, 비스테로이드 항염제 같은 약제들과 반란을 일으킨 면역세포들을 억제하는 면역조절제를 사용한다. 최근 질병에 관한 연구가 급격히 진전하면서 비정상적인 면역반응을 일으키는 대표적인 세포인 B 세포를 억제하는 치료제가 개발되었다. 이와 같은 사례는 생물학적제제의 시대를 열었으며, 류마티스관절염과 같이 사이토카인을 표적으로 하는 약제 중 인터페론 억제제 또한 임상시험에서 좋은 효과를 보여 조만간 진료에 사용될 수 있을 것으로 기대된다.

향후 자가면역질환들의 병인이 좀 더 정확히 밝혀지고 연관된 유전자에 관한 연구가 가속화되면, 질환 발생 가능성을 예측하고 환자 개개인의 맞춤치료personalized medicine를 현실화할 수 있으리라고 기대된다.

## 당부의 말

자가면역질환은 일반적으로 고혈압이나 당뇨병 등 다른 만성질환에 비해 질환에 대한 인식이 부족하다. 질환의 진단이나 치료가 어려운 면도 있고 대중에 대한 질환 정보나 교육이 부족하였던 점도 하나의 원인이다. 자가면역질환을 앓고 있다면 질병을 숨기지 말고 나와야 하고, 환자의 가족들 역시 자가면역질환에 대해 관심을 가져야 한다. 증상이 발생한다면 조기에 진단을 해야하고, 고혈압이나 당뇨병처럼 꾸준히 치료를 받아 건강한 삶을 유지하도록 노력해야 한다. 모든 병이 비슷하겠지만 무엇보다도 중요한 것은 치료에 대한 확신을 지니고 긍정적이며 적극적으로 치료에 임하는 자세이다.

5장

# 알레르기 과민반응

**박해심**(아주대학교 의과대학 알레르기내과)

## 알레르기에 관한 질문들

### 알레르기 질환은 어떤 병인가?

알레르기란 '알레르기'라는 환경 내 존재하는 다양한 물질에 대해 과민반응을 유발하여 발생하는 질환이다. 주된 원인인 실내외 환경 알레르겐(집먼지진드기, 애완동물, 꽃가루, 곰팡이, 화학물질)과 함께 미세먼지, 대기오염에 장기적으로 노출되면 우리 몸의 면역세포들이 과민반응을 일으키고 다양한 알레르기 증상이 발현된다.

### 알레르기는 누구나 걸릴 수 있는 흔한 병인가?

알레르기는 매우 흔한 질환이다. 알레르기가 쉽게 생기는 소인을 아토피로 표현하며, 국내 인구의 약 40% 이상이 아토피 소인을 지닌 채 외부 환경 인자에 대해 과민반응을 일으키면서 알레르기 질환이 발생한다. 따라서 알레르기 질환은 유전적 요인이 강하며 가족력이 높은 질환이다. 주된 환경 인자로 실내외 알레르겐이 있으며, 동시에 대기오염 증가와 기후변화는 알레르기 질환을 증폭시킨다.

## 흔한 알레르기 질환에는 어떤 것이 있는가?

쉽게 찾아볼 수 있는 알레르기 질환으로는 호흡기 알레르기 질환(비염, 결막염, 만성 기침, 천식)과 피부 알레르기 질환(아토피피부염과 두드러기, 혈관부종), 약물 알레르기(항생제, 진통 소염제, 조영제)와 식품 알레르기 등이 있으며, 심각한 전신 알레르기 질환으로 아나필락시스(곤충독, 약제, 음식)가 있다.

## 우리 환경에서 알레르기를 일으키는 원인들은 무엇인가?

실내 알레르겐으로는 집먼지진드기, 동물 털, 곰팡이가 흔하며 실외 알레르겐으로는 봄철에는 나무 꽃가루, 초여름에는 잔디 꽃가루, 가을

철에는 잡초 꽃가루 등 다양한 꽃가루가 있다. 원인 식품으로 밀가루, 해산물(갑각류), 우유, 견과류와 식품 첨가물(방부제, 색소)이 있으며, 일터에서 노출될 수 있는 다양한 화학물에 의해서도 발생한다. 더불어 육체적 또는 정신적 스트레스에 의해서도 촉발하거나 악화하여, 환경적 요인과 유전적 요인이 복합적으로 관여하기도 한다. 따라서 알레르기 환자는 각 원인 물질과 악화 요인을 확인하여 치료하는 것이 중요하다.

## 대표적인 알레르기 질환

### 알레르기 비염 및 기관지 천식

알레르기 비염은 인구의 20% 이상이 앓는 흔한 질환으로 소아, 성인, 노년층에 이르기까지 광범위하게 발생한다. 증상으로는 지속적인 콧물, 재채기, 코막힘, 코 가려움 등이 있고 이는 냉기, 온도 및 계절 변화에 의해 악화된다. 경미한 증상이 가끔 나타나 소량의 항히스타민제 복용 후 호전되는 경우도 있지만, 매일 증상이 지속하거나 만성 부비동염 및 기침, 그리고 기관지천식이 동반하는 경우에는 전문적인 치료가 필요하다.

한편 기관지천식 역시 인구의 5%에서 발생하는 드물지 않은 질환으로 노년층으로 갈수록 유병률이 증가한다. 주된 증상은 기침, 객담, 호흡곤란 또는 천명음(가슴에서 쌕쌕 소리 들림)이며, 기도 자극 요인(바이러스 감염, 운동, 냉기 등)에 의하여 악화된다. 증상이 가볍고 간헐적인 경우에는 약제 사용만으로 정상인과 동일한 수준의 생활이 가능할 정도로 호전되지만, 증상이 지속적이고 심한 중증 천식 및 비염 환자의 경우에는 약물치료와 면역치료(알레르겐 면역치료 혹은 항체 치료제)를 병합해야 한다. 대부분의 알레르기 질환은 평생 지속하는 경우가 많고, 적절한 치료를 하지 않으면 진행할 수 있어 장기적인 치료와 관리가 중요하다. 비염과 천식은 원인 인자도 다양하지만 관여하는 면역 기전도 복합적인지라 이를 적절히 조절하는 면역치료제도 다양하게 적용해야 하는, 개인별 맞춤치료가 필수적인 질환이다.

## 아토피피부염

아토피피부염은 소아에게 숱하게 발생하나 성인에서도 빈번히 발생하는 알레르기 피부질환이다. 만성 면역반응에 의해 건조해지고, 작은 자극(미세먼지, 온도변화, 스트레스)에도 과민반응(건조, 가려움증 발진)을 보인다. 또한 다른 알레르기 질환(비염, 두드러기, 식품 알레르기)을 동반하고 있어 동반 질환을 함께 치료해야 한다.

치료는 전반적으로 피부의 수분 유지를 위한 보습제와 염증 조절을 위한 연고 도포가 중요하며, 다음 단계로 약물치료가 있다. 중증 아토피피부염 환자의 경우에는 '항체 치료제' 투여가 필요하다.

## 두드러기 및 혈관부종

급성 두드러기는 갑자기 전신 두드러기가 발생하였다가 며칠간 치료하면 사라지는 경우로, 대개 음식이나 약물에 의한 과민반응이라서 원인을 확인한 후 이를 회피하면 호전될 수 있다. 반면 만성 두드러기는 전신 두드러기 혹은 혈관부종이 장기간 지속하여 전신 가려움과 반복되는 두드러기로 삶의 질이 저하될 수 있다. 혈관부종의 경우 대부분 두드러기를 동반하지만 혈관부종이 단독으로만 발생하는 경우는 다른 종류의 알레르기 질환이다. 따라서 원인과 동반 질환 검사를 통하여 장기적인 약물치료가 필요하다. 또한 일반 약제에 반응하지 않는 중증 만성 두드러기는 항체 치료제 치료가 필요하다.

### 식품과 약물 알레르기

모든 식품과 약제는 알레르기 반응을 일으키지만 가장 흔한 식품은 밀가루, 해산물, 과일, 견과류, 식품 첨가제 등이 있으며, 흔한 원인 약제로는 항생제, 진통 소염제, 마취제, 조영제, 약물 첨가제 등이 있다. 증상은 경미한 피부발진과 가려움증부터 심한 경우, 전신 두드러기부터 호흡 곤란, 아나필락시스에 이르기까지 다양하다. 일단 방치하면 소량의 약제에 노출되어도 심한 과민반응으로 증폭될 수 있다. 따라서 원인 약제를 즉시 확인하고 이를 적극적으로 피해야 하며, 안전한 대체 약제를 준비해야 한다. 또한 해당 약제(특히 항암제, 심장병)를 반드시 사용해야 하는 환자의 경우, 탈 감작 과정을 거쳐 약제를 사용할 수 있다.

## 결론

알레르기 질환은 외부나 내부 자극에 의하여 호흡기나 피부에 상주하는 면역세포들이 과민반응을 일으켜 나타나는 증상이다. 증상과 원인을 확인하고 적절한 약물치료 및 면역치료제로 치료가 가능하며, 대개 정상적인 생활이 가능하다.

# 6장

# 심혈관 동맥경화증과 면역반응

**안영근 · 정명호**(전남대학교 의과대학 순환기내과)

## 서론

죽상경화증 또는 동맥경화증은 오래된 수도관이 녹이 슬고 이물질이 침착하여 지름이 좁아지게 되는 것처럼, 주로 혈관의 가장 안쪽을 덮고 있는 내막endothelium에 콜레스테롤이 침착하고 내피세포의 증식이 일어난 결과 '죽종atheroma'이 형성되는 혈관질환을 말한다. 죽종 내부는 죽처럼 묽어지고 그 주변 부위는 단단한 섬유성 막인 '경화반plaque'으로 둘러싸이게 되는데, 경화반이 불안정하게 되면 파열되어 혈관 내에 혈전thrombus(핏덩어리)이 생긴다. 또한 죽종 안으로 출혈이 일어나는 경우, 혈관 내부의 지름이 급격하게 좁아지거나 혈관이 아예 막히게 되고, 그 결과 말초로의 혈액순환에 장애가 생긴다. 주로 혈관의 중간층에 퇴행성 변화가 일어나서 섬유화가 진행되고 혈관의 탄성이 줄어드는 노화현상의 일종이다. 이 때문에 수축기 고혈압이 초래되어 심장근육이 두꺼워지는 심장비대 현상이 나타나게 된다(그림 6.1).

동맥경화증으로 결국 혈관이 좁아지거나 막히게 되면 그 혈관이 담당하는 말초로의 혈액순환에 장애가 생기므로, 좁아진 혈관에 따라 증상이 다르게 나타난다. 대표적인 질병으로는 주로 심장에 혈액을 공급하는 관상동맥(심장혈관), 뇌에 혈액을 공급하는 뇌동맥과 경동맥(목의 혈관), 신장의 신동맥 및 말초혈관을 침범하고 이로 인해 발생하는 협심증, 심근경색(일명 심장마비) 등의 허혈성 심장질환, 뇌경색과 뇌출혈 등의 뇌졸중(일명 중풍), 신장의 기능이 저하되는 신부전 및 허혈성 사지질환 등이 존재한다.

동맥경화증과 같은 심혈관질환에 의한 사망률은 한국에서 만성질환으로 인한 사망률의 35%에 달할 정도로 많으며, 2019년 우리나라 사망

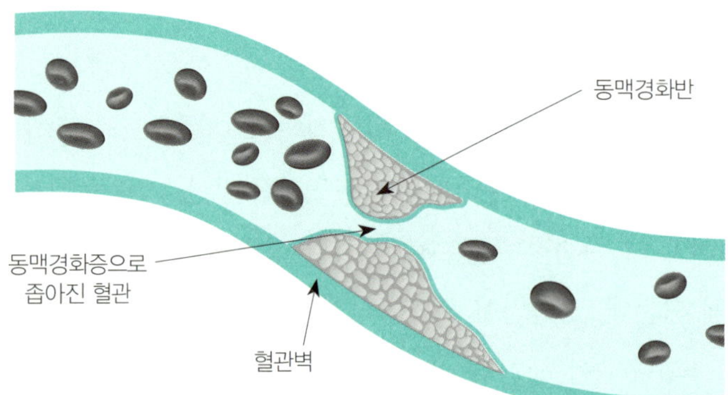


그림 6.1 동맥경화증

자료: 한국 지질·동맥경화학회

원인 순위에서도 2위를 차지한다(그림 6.2). 혈관이 75% 이상 막히는 경우에 증상이 생기지만 대부분 증상이 없다가 혈관에 생긴 동맥경화 부분이 파열되거나 혈전이 생기면 증상이 갑자기 나타난다. 현대인의 식생활 변화와 운동 부족 등의 생활 습관으로 비만 및 당뇨와 같은 심혈관질환 위험요인의 급격한 증가와 더불어, 고령화 사회로의 전환 등으로 인해 심혈관질환의 사망률 결정인자가 되어 심각한 사회 문제로 부각되고 있다.

최근 당뇨병, 대장질환, 피부질환과 같은 만성염증질환의 대부분이 심혈관질환, 특히 동맥경화증의 발생과 연관되어 있음이 보고된다. 또한 동맥경화증은 혈관벽에 단순히 지질이 침착되어 발생하는 병으로 인식되었던 과거와 달리 혈관의 내피세포, 면역세포, 혈관 평활근세포들의 복잡한 염증 작용으로 설명된다. 만성염증질환은 염증성 인자들 때문에 혈관 내피세포의 기능이 저하되고 그에 따라 혈관의 불안정화로 인한

(단위: 인구 10만 명당 명)

| 순위 | 사망원인 | 사망률 | '18년 순위 대비 |
|---|---|---|---|
| 1 | 악성신생물(암) | 158.2 | |
| 2 | 심장질환 | 60.4 | – |
| 3 | 폐렴 | 45.1 | – |
| 4 | 뇌혈관 질환 | 42.0 | – |
| 5 | 고의적자해(자살) | 26.9 | – |
| 6 | 당뇨병 | 15.8 | – |
| 7 | 알츠하이머병 | 13.1 | ↑(+2) |
| 8 | 간질환 | 12.7 | ↓(−1) |
| 9 | 만성하기도질환 | 12.0 | ↓(−1) |
| 10 | 고혈압성질환 | 11.0 | – |

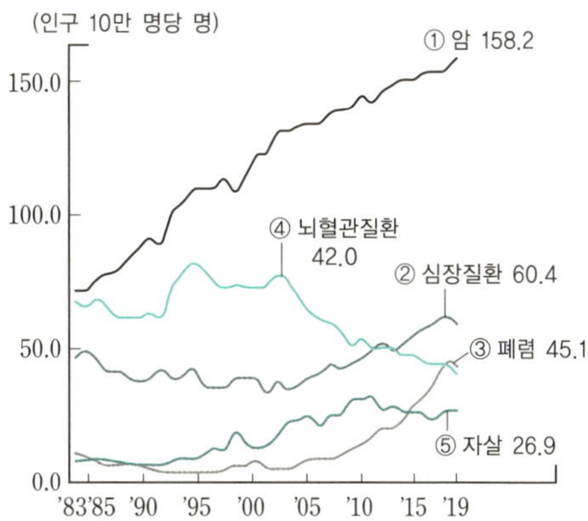


그림 6.2 2019년도 우리나라 사망원인 순위 중 심장질환이 2위를 차지

자료: 통계청, 2019.

허혈성 심혈관질환이 사회 문제로 대두되고 있다.

이처럼 동맥경화증에 관련된 다양한 염증 및 면역 관련 인자들이 질병의 발생기전에 중요한 역할을 하기 때문에, 이에 대해 충분히 이해함으로써 동맥경화증의 치료와 예방에 도움을 얻을 수 있다. 이 장에서는 동맥경화증의 발생기전과 다양한 면역세포들의 역할에 대하여 알아보고자 한다.

## 염증질환으로서 동맥경화증

동맥경화의 발생과 진행을 초래하는 원인에 대해서는 아직 밝혀지지는 않았다. 그러나 동맥경화를 일으키고 진행을 촉진하는 주요 위험 인자는 다음과 같이 밝혀져 있다.

- 고콜레스테롤혈증
- 낮은 고밀도 지단백 콜레스테롤(HDL-콜레스테롤)
- 높은 저밀도 지단백 콜레스테롤(LDL-콜레스테롤)
- 높은 중성지방
- 고혈압(140/90 mmHg 이상)
- 당뇨병
- 흡연(담배)
- 심혈관질환의 가족력
- 연령 증가

- 운동 부족, 과체중 및 복부비만

100여 년 전에는 동맥경화를 노화의 과정으로 받아들여, 나이가 들어감에 따라 동맥이 굳어간다고 생각하였다. 그 이후에는 동맥벽에 지질이 축적되어 혈관이 좁아지고 일부에서 병변에 혈전이 동반되는 과정으로 인식되었다.

최근 동맥경화증이 진행되고 그로 인해 질병이 발생하는 과정이 일반적인 염증반응과 매우 유사함이 관찰되어, 동맥경화증을 염증성 질환으로 정의하고 있다. 동맥경화증은 내피세포, 평활근세포 등의 혈관세포와 대식세포, T 세포, B 세포 등을 포함하는 면역세포가 다양한 세포의 내적 혹은 외적인 자극에 대하여 상호작용하고 만성염증반응을 유발한 결과 동맥 내에서 발생하는 병적인 과정을 거친다.

동맥경화는 손상에 대한 염증반응으로 생각할 수 있다. 산화 저밀도 지단백oxidized LDL, 흡연, 고혈압, 고혈당 등과 같은 자극은 혈관 내피세포를 활성화하고, VCAM-1(Vascular Cell Adhesion Molecule-1), ICAM-1(Intercellular Adhesion Molecule-1)과 같은 세포 부착분자adhesion molecule와 MCP-1(monocyte chemoattractant protein-1)과 같은 화학 주성인자들을 분비시킨다. 이에 반응하여 단핵구는 혈관 내피세포에 부착되어 혈관벽 내로 들어가 대식세포로 분화되고, 혈관 내피세포 사이로 진입한 산화 저밀도 지단백 콜레스테롤oxidized LDL을 잡아먹어 거품세포foam cell가 된다. 그리고 대식세포, T 세포, 혈관평활근세포 등의 지속적인 만성 염증반응으로 혈관 평활근세포가 증식하고 혈관 내층으로 이동하여 섬유판을 만든다. 병변이 더 진행되면 섬유판이 약해지면서 그 틈을 타고 조직이나 지방이 혈액으로 흘러나와 응고인자가 활성화되는데, 혈소판이 응집하여 혈전이 형성되어 급성심근경색증의 발병으로 이어진다. 임상적으로 관동맥 질환에서 염증반응의 인자이며 급성반응물질인 섬유소원, CRPC-reactive protein(C 반응성 단백 시험-혈액 내 CRP가 증가하는 것은 급성 감염이나 염증이 있음을 의미) 등이 증가하여 있으며, 이들 인자가 증가하여 있는 대상에서 장기 추적 결과, 관동맥 질환의 발생이 많음이 관찰되었다. 이처럼 염증은 동맥경화의 시작부터 진행, 합병증 발생에 이르기까지 전 과정에 관여하고 있다. 동맥경화가 염증성 질환이라는 인식은 염증과 관련된 여러 물질이 심혈관질환의 새로운 바이오마커나 치료 목표 및 예후 인자로 사용될 수 있음을 제시하고 있다. 현재는 이에 대한 연구가 진행되고 있으며, CRP는 가장 광범위하게 연구되고 있는 물질 중 하나이다.

## 동맥경화증의 분자생물학적 발생기전

동맥경화증의 초기 진행은 고지질혈증, 고혈압 등의 다양한 심혈관질환의 위험인자에 의하여 혈관 내피세포가 손상을 입게 되고, 저밀도 지단백 콜레스테롤이 혈관 내피세포를 뚫고 들어가 산화되면 혈관 내피세포에서 VCAM-1, ICAM-1과 같은 세포 부착분자의 발현이 증가된다. 그로 인해 혈액 내 단핵구가 혈관 내피세포에 부착하고 사이의 벌어진 공간으로 들어가서 대식세포로 분화되며, 혈관 내피세포 사이로 진입한 산화 저밀도 지단백 콜레스테롤oxidized LDL을 잡아먹어 거품세포가 된다.

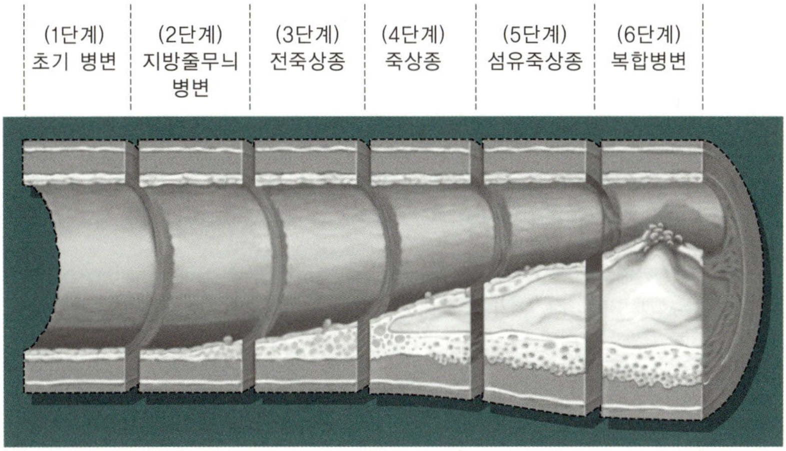


그림 6.3 동맥경화의 진행 과정

자료: Am J Cardiol. 1998

이 지방 탐식세포는 많은 염증 매개체를 분비하여 혈관벽 내에 염증을 증폭시키고, 지속하여 백혈구를 축적한다. 또한 혈관 평활근세포를 증식시키고, 탐식세포나 거품세포의 세포사가 일어나면 죽은 세포의 내용물, 지질 등이 모여 동맥경화반plaque(플라크)의 핵core을 형성하는데 이 핵은 덮개cap를 쓰게 된다. 병변이 진행되면서 지질량이 증가하면 핵 내의 압력이 증가하며, 덮개 부위에는 건강한 평활 근육 대신 탐식세포, 거품세포, 비만세포 등으로 대치된다. 이들 세포에서 분비된 사이토카인에 의해 콜라겐이 용해되면서 동맥경화반이 파열되거나 균열이 생긴다. 균열 또는 파열 부위를 통해 핵 내부 죽상 물질이 혈관 내강으로 분출하여 혈전을 생성한다.

## 동맥경화증의 조직학적 분류

미국심장학회에서는 동맥경화증 진행 정도를 다음과 같이 6단계로 분류하였다(그림 6.3 참고).

**1단계** 내막만 약간 두꺼워진 정도이며 아직 대식세포에 거품이 관찰되지는 않는다.

**2단계** 내막비후가 더 진행되어 대식세포에 거품이 있으며 '지방줄무늬 병변'에 해당한다. 세포내 콜레스테롤이 주로 관찰된다.

**3단계** 내막비후가 상당히 진행되어 있으며, 거품세포와 더불어 내막 군데군데 콜레스테롤이 뭉쳐서 나타나는 '전-죽상종pre-atheroma' 단계이다.

**4단계** 혈관 내막에 콜레스테롤이 합쳐져 지방핵lipid core을 형성하고 내막이 섬유화 조직으로 구성되어 지방핵을 감싸는 덮개가 관찰되는 전형적인 '죽상종atheroma' 병변이다.

**5단계** '섬유죽상종fibro-atheroma'으로 기름을 많이 포함한 플라크plaque를 형성하게 되고 섬유질 덮개fibrous cap의 모양으로 변화하게 된다.

**6단계** '복합병변complicated lesion'으로 섬유질 덮개가 파열되면서 균열 또는 파열 부위를 통해 핵 내부의 죽상 물질이 혈관 내강으로 분출하여 혈전을 생성한다.

## 콜레스테롤의 축적 및 내피세포 기능 저하

동맥경화증의 시작은 저밀도 지단백 콜레스테롤low density lipoprotein, LDL이 혈관의 내피세포를 뚫고 들어가 내피세포를 활성화하는 것이다. 따라서 저밀도 지단백 콜레스테롤의 혈액 내 농도가 높거나, 당뇨병 환자처럼 저밀도 지단백 콜레스테롤이 많거나, 혹은 혈관 내피세포가 손상되어 있다면 혈관 내 콜레스테롤의 침착은 더 심해지게 된다. 또한 혈관벽에 침윤되는 콜레스테롤의 정도는 혈관벽으로 들어온 콜레스테롤을 다시 혈액 쪽으로 내보내는 정도나 혈관벽에 있는 세포들에 의하여 분해 및 제거되는 정도와 혈관벽으로 침투하여 온 콜레스테롤 간의 균형

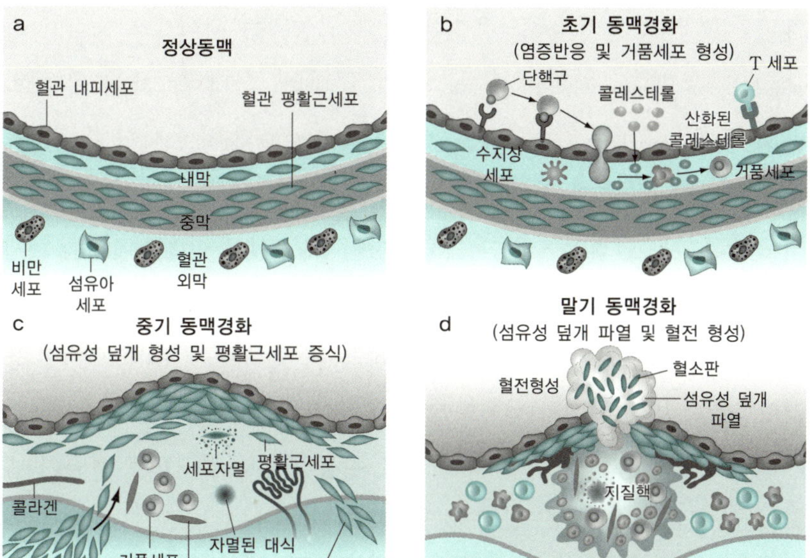


그림 6.4 동맥경화증의 진행 단계 모식도

자료: Nature. 2011

에 의하여 좌우된다. 혈관 내막에 침투된 콜레스테롤이나 혈액의 염증 인자들이 내피세포를 활성화하여 부착분자나 염증 유전자의 발현을 증가시키고, 내피세포의 기능 저하를 일으키게 된다(그림 6.4b). 그러므로 내피세포의 기능 저하는 동맥경화증의 초기 단계에 가장 중요한 사건이다.

## 면역세포의 모집 및 거품세포 형성

염증 자극 인자들에 의하여 내피세포가 자극을 받으면 내피세포 표면에 부착분자들의 발현이 증가해서 병변 동맥혈관에 단핵구가 모이게 된다. 이에 따라 단핵구의 소집-혈관 내막으로 침투-대식세포로의 분화가 일어나게 된다. 내피세포 사이의 공간으로 들어온 단핵구는 내피세포 및 몇몇 다른 세포 유형에 의해 생성되는 대식세포 증식 인자 macrophage colony-stimulating factor, M-CSF 및 과립구-대식세포 증식 인자 granulocyte-macrophage colony stimulating factor, GM-CSF에 반응하여 대식세포로 분화한다. 비록 초기에 혈관벽에서 일어나는 단핵구의 소집과 대식세포의 분화는 혈관에 침입한 세포독성이 있는 산화 콜레스테롤을 제거하고자 혈관을 보호하는 측면에서 일어나는 작용이라 볼 수 있으나, 대식세포가 지속해서 침윤되어 산화 콜레스테롤을 계속 섭취하게 되면 동맥경화증의 병변이 점차 심해지게 된다.

혈액 내의 단핵구가 혈관벽 안으로 이동하면 대식세포로 형질이 변환되고, 혈관 내의 산화된 콜레스테롤을 SR-B1Scavenger receptor class B, type 1 등의 제거 수용체를 통해 세포 내로 섭취한다. 따라서 결국 거품세포로 전환되어 혈관 내 축적되었던 콜레스테롤을 혈액 내로 방출하게 된다. 그러나 혈관 손상이 계속되는 경우 콜레스테롤의 혈관 내 유입이

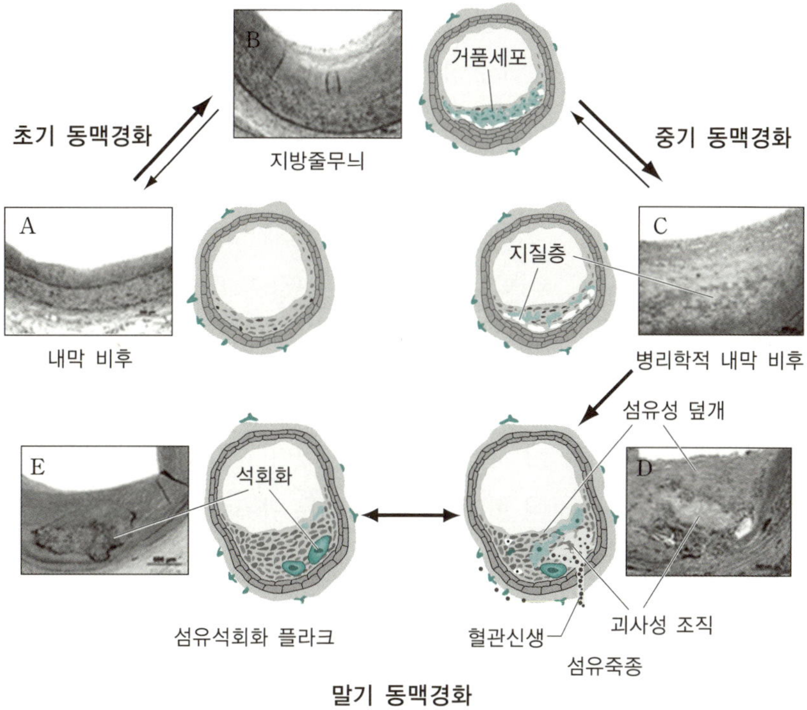


그림 6.5 동맥경화 진행 과정에서 각 단계별 염색사진
Movat pentachrome 염색법: 혈관 콜라겐, 엘라스틴, 근육, 섬유소 등 관찰 시 염색법
자료: Cardiovascular Diagnosis and Therapy. 2016

계속되어 이러한 방어기전을 압도하여 혈관 내막에는 세포 내에 콜레스테롤이 가득 차 있는 거품세포의 층이 광범위하게 퍼지게 된다(그림 6.4b). 이러한 상태를 병리학적 소견으로 초기 동맥경화증의 전형적 소견인 지방줄무늬fatty streak 병변이라고 하며 세포 내에 많은 콜레스테롤이 함유되어 있는 것이 특징이다(그림 6.5).

### 병변 섬유성 덮개 형성 및 동맥경화 플라크 파열(죽상 혈전증)

단순한 지방줄무늬fatty streak에서 더욱 심한 병변으로 진행하는 데 있어서 가장 특징적인 소견은 혈관 중막에 있는 혈관 평활근세포가 증식하고 혈관 내막 쪽으로 이주한다는 점이다. 혈관 내막으로 이동한 혈관 평활근세포는 콜라겐, 엘라스틴, 프로테오글리칸proteoglycan과 같은 세포외기질을 형성하는 거대분자를 활발히 생성하여 섬유성 덮개fibrous cap을 만드는 것으로 알려져 있다(그림 6.4c, 그림 6.5). 이 시기에 중요한 것은 단핵구, 대식세포, T 세포 등이 세포성 면역과 체액성 면역반응을 일으켜 만성적인 염증 상태가 지속한다는 점이다. 더 진행되면 동맥경화 플라크 파열로 인하여 혈전증이 일어나는 단계에 이른다(그림 6.4d). 이 현상은 세포외기질의 주생산자인 평활근세포가 축적된 염증세포의 작용에 의하여 괴사 또는 사멸하기 때문에 일어난다. 이로 인하여 평활근세포는 더는 세포외기질을 생산하지 못하고 기질금속단백분해효소matrix metalloproteinase, MMP의 분비 때문에 분해되어 플라크 안정화plaque stabilization되지 못한다. 대개 플라크 파열은 주로 섬유판이 얇을수록, 지방으로 차 있는 대식세포의 농도가 높을수록, 중심에 괴사 부위가 넓을수록 쉽게 생긴다. 동맥경화 플라크 파열에 의한 혈전증은 혈관 안쪽 공간에 혈전을 형성시키며 혈액의 흐름을 지연시킨다. 이러한 연속된 과정은 결과적으로 심근경색증, 울혈성심부전 및 뇌졸중 등의 질병을 유발한다.

# 면역세포

동맥경화증에 있어서 면역 체계는 크게 선천 면역innate immunity과 획득 면역adaptive immunity으로 나뉘진다. 선천 면역은 병원균에 대한 즉각적인 방어를 담당하는 면역 체계로 단핵세포, 대식세포, 수지상세포 등이 있으며, 획득면역반응에 관여하는 세포는 B 세포와 T 세포이다. 이들 세포는 각각 항체를 생성하는 체액성 면역반응humoral immune response과 감염세포 살상을 담당하는 세포성 면역반응cellular immune response을 유도한다고 알려져 있다.

여기서는 대표적인 선천 면역인 대식세포Macrophage와 수지상세포Dendritic Cell를, 그리고 획득 면역의 T 세포T Cell와 B 세포B Cell를 중심으

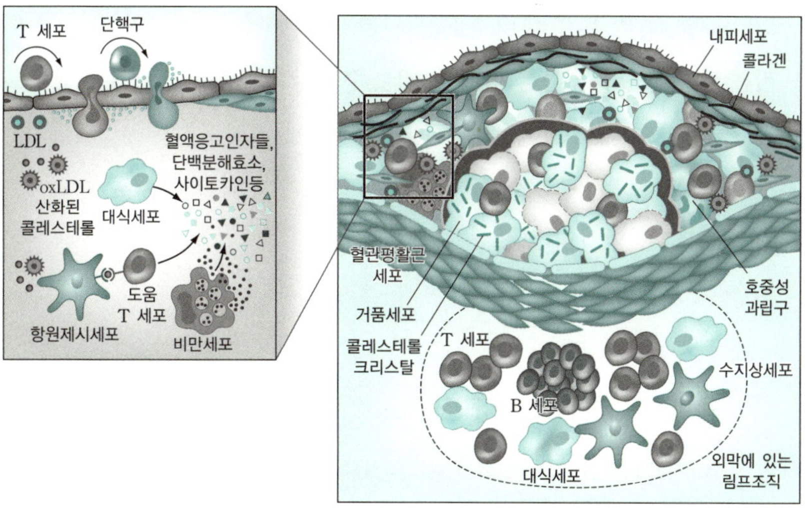


그림 6.6 동맥경화병변에서의 면역세포들

자료: Nature Immunology. 2011

로 설명하고자 한다.

## 대식세포

대표적인 선천 면역인 대식세포는 동맥경화와 직접적으로 관련된 최초의 면역세포로 꾸준히 연구되고 있다. 동맥에 존재하는 대식세포는 TLR2Toll like receptor 2인 인식수용체와 청소 수용체인 SR-R1Scavenger receptor class B, type 1 및 CD36cluster of differentiation 36 등의 수용체를 발현함으로써 다양한 역할을 한다. 동맥경화 병변에서 저밀도 지단백 콜레스테롤oxidized LDL은 대식세포에 있는 CD36/TLR2의 활성을 통하여 소포체 스트레스와 세포사를 유도한다. 또한 CD36에 의하여 섭취된 저밀도 지단백 콜레스테롤에 의해 대식세포는 거품세포가 되어 콜레스테롤 크리스탈이 형성된다. 따라서 염증성 사이토카인인 인터루킨-1β Interleukin-1β 및 인터루킨-6Interleukin-6를 분비하게 되어 염증반응을 일으키게 된다. 결국 동맥경화증 환자의 주요한 염증 마커인 CRPC-reactive protein이 만들어지게 된다. 이처럼 대식세포에 관한 연구들이 수행되고 있으며, 앞으로도 동맥경화증 치료에 응용하거나 이를 방지하기 위하여 더 많은 연구가 필요하다.

## 수지상세포

수지상세포는 후천적 반응과 선천적 반응을 연결하는 역할을 하여 작동체인 도움 T 세포 1helper T cell 1, TH1, 도움 T 세포 17helper T cell 17, Th17, 조절 T 세포T regulatory cell, Treg의 조절과 분화를 효과적으로 조정하는 역할을 한다고 알려졌지만, 동맥경화증에서의 역할에 대해서는 심도 있게 연구되어 있지 않다.

일부 연구된 내용에 의하면 사람의 수지상세포가 제거 수용체인 렉틴 친화성 산화 저밀도 지단백의 수용체 1형lectin-like oxLDL receptor 1, LOX-1, CD36, CD205 등을 통하여 산화 저밀도 지단백 콜레스테롤을 흡수한 뒤 성숙되고 인터루킨-12Interleukin-12와 같은 전염증성 사이토카인을 방출함으로써 동맥경화증을 촉진하는 것이 보고되었다. 또한 동맥경화증에서 수지상세포의 기능을 더 정확히 검증하기 위하여 수지상세포의 주요 부분인 CD11c(cluster of differentiation 11c, 수지상세포의 대표적 마커)가 제거된 생쥐에서 동맥경화증이 증가함을 확인하였다.

## T 세포

대표적인 획득면역 체계인 T 세포는 정상적인 상태에서 동맥의 외막에 존재하나 활성화되면 죽상경화성 병변으로 모인다. 동맥경화병변에서 보면 T 세포, 그중에서도 도움 T 세포가 많이 분포되어 있다. T 세포가 활성화되면 도움 T 세포 1helper T cell 1, TH1과 도움 T 세포 2helper T cell 2, TH2 사이토카인 모두 발현된다. 일단 동맥경화증이 시작되면 면역반응은 병변의 진행을 조절하기 위해 동맥경화증을 더 생성시키는 쪽과 억제하는 쪽 모두로 작용할 수 있다. 예를 들어 대표적인 도움 T 세포 1 사이토카인인 인터페론 감마Interferon gamma, IFN-γ는 대식세포의 청소 수용체인 SR-B1Scavenger receptor class B, type 1 발현을 줄이거나 콜라겐 합성을 감소시키고, 평활근세포의 증식을 억제함으로써 동맥경화증을 억제하는 작용도 하지만, 대식세포에서 염증성 사이토카인의 생성을 자극하여 동맥경화증을 더 진행하는 쪽으로 관여하기도 한다. 실제로 동맥경화성 플라크에 있는 대부분의 T 세포는 도움 T 세포 1 표현형을 나타내고 도움 T 세포 1 분극화를 억제하거나 도움 T 세포 1 분비 사이토카인의 생성을 억제하여 동맥경화를 예방하기도 한다. 도움 T 세포 2에 의해 활성화된 사이토카인 즉 인터루킨-4Interleukin-4, 인터루킨-10Interleukin-10, 인터루킨-13Interleukin-13 등도 동맥경화증 발생에 복잡한 작용을 한다. 인터루킨-4는 대식세포에서 인터페론 감마IFN-γ의 활성을 억제하여 항동맥경화 작용을 하기도 하지만, 저밀도 지단백 콜레스테롤의 산화를 촉진하여 생쥐에서 동맥경화증을 발생시키기도 한다. 인터루킨-10은 도움 T 세포 1을 조절하고 대식세포의 활성을 억제하고 동맥경화반의 형성을 억제한다고 알려져 있다. 인터루킨-10이 결핍된 생쥐는 혈관벽에 콜레스테롤 침착이 3배 이상 증가하였고, 인터루킨-10을 과발현시키면 동맥경화증의 발생이 감소하는 것으로 보아, 인터루킨-10은 강력한 항동맥경화 사이토카인 중의 하나이다. 그러나 도움 T 세포 2는 또한 플라크 파열 가능성을 증가시키는 매트릭스 분해효소를 방출하기도 한다. 따라서 T 세포는 분극화를 통하여 염증반응을 조절하면서 T 세포 작용을 조작하면 동맥경화 플라크 진행을 억제할 수 있다.

### B 세포

동맥경화증에 관여하는 대부분 백혈구는 동맥경화 플라크Plaque에서 발견된다. 그러나 B 세포는 주로 동맥경화 플라크를 둘러싼 외막에서 발현되고, 또한 B 세포에서 생성된 항체는 플라크에서 발견되므로 B 세포가 동맥경화 플라크 형성에 영향을 미침을 알 수 있다.

죽상경화증에 있어서 B 세포의 역할에 관한 초기 연구는 서로 상충하는 결과가 보고되었지만, 추후 연구에서 동맥경화증에서 B 세포가 미치는 영향에 대해 보고되고 있다. B 세포는 B1과 B2의 두 가지 계통으로 나눌 수 있는데, B1 세포는 IgM 항체를 만들어 산화된 저밀도 지단백 콜레스테롤 흡수를 억제하여 거품세포 형성을 방지하고 염증성 사이토카인의 분비를 줄여 동맥경화증을 약화하는 역할을 한다. 반면에 B2 세포는 IgG 항체를 만들어 염증 및 산화된 저밀도 지단백 콜레스테롤을 증가시켜 결국 동맥경화 플라크 발달을 초래하여 동맥경화증을 악화시킨다.

흥미롭게도 인간의 IgM을 생성하는 B1 세포는 노화와 관련된 동맥경화증의 발병과 매우 유사한 패턴으로 시간이 지남에 따라 감소된다.

## 결론

동맥경화증은 혈관의 내피세포, 면역세포, 혈관 평활근세포들의 복잡한 염증 작용으로 유발되는 혈관벽의 만성염증성 질환이다. 따라서 동맥경화증을 포함한 심혈관질환의 염증을 감소시키는 약물을 포함하여 심혈관질환 예방을 위한 새로운 치료전략이 필요하다. 더불어 많은 임상연구(항염증제: CANTOS 연구, 메토트렉세이트)가 진행되고 있지만, 동맥경화 플라크의 복잡성과 면역세포 간에 발생하는 역동적인 상호작용으로 인하여 어려움을 겪고 있다.

국내에서도 동맥경화의 병인 기전 및 치료제 개발에 관한 연구가 많이 진행되었음에도 불구하고 아직 국내 환자를 치료하기 위한 의약품은 대부분 수입에 의존하는 실정이다. 치료비용 역시 문제인데 심혈관계 질환은 일단 발병하면 장기간 치료해야 하므로 경제적 비용지출 역시 상당하다.

앞으로 동맥경화와 관련된 면역세포들의 면역반응의 정확한 기전을 연구하고, 각 면역세포 간의 상호작용이 동맥경화에 미치는 영향이 무엇인지를 연구한다면 새로운 동맥경화성 심혈관질환 예방 치료법을 기대할 수 있을 것이다.

# 7장

# 신체활동과 면역

**황선영**(한양대학교 간호학부)

신체활동은 우리의 건강과 체력을 향상할 뿐만 아니라 다양한 만성 질환을 예방한다. 따라서 일상 속에서 활동적인 습관을 갖고 규칙적인 운동을 생활화할 필요가 있다. 이번 장에서는 신체활동이 면역력 향상에 왜 중요한지를 살펴보도록 하겠다.

## 신체활동이란 무엇인가?

신체활동이란 골격근의 수축으로 일어나는 신체의 모든 움직임을 의미하며, 유산소운동Aerobic exercise과 근력운동Strength Exercise이 포함된다. 유산소운동은 신체의 대근육이 일정 시간 동안 규칙적으로 반복되는 형태의 움직임으로 심폐 지구력을 강화하며, 근력운동은 골격근의 근력, 지구력, 순발력 등을 키우고 근육량을 늘리는 운동을 말한다. 건강한 삶을 위해서는 1주일에 2시간 30분 이상 빠르게 걷기와 같은 중강도 유산소 신체활동을 하거나 조깅, 축구, 수영, 농구 등의 고강도 신체활동을 75분 이상 실천하는 것이 필요하다.

## 우리나라 국민의 신체활동 실천율은 어떠한가?

### 청소년의 신체활동실천율

2016년, 세계 146개국 11~17세 남녀 학생의 신체활동량을 분석한 결과, '운동 부족'으로 분류된 학생 비율이 한국 청소년에서 94.2%로 전 세계에서 신체활동량 부족이 가장 심각한 것으로 나타났다. 분석 대상 국가 중 운동 부족 비율이 90% 이상인 나라는 한국, 필리핀, 캄보디아, 수단뿐으로 한국은 국민소득이 높으면서도 청소년 운동 부족은 심각한 사례로 꼽혔다. 세계보건기구World Health Organization는 청소년의 신체·정신 건강 및 생애 전반에 미칠 영향을 고려하여 매일 평균 60분 이상 중강도 이상의 신체활동이나 운동을 할 것을 권장하고 있다. 2019년, 우리나라 청소년건강행태조사에 의하면 하루 60분 주 5일 신체활동 실천율은 여학생 7.3%로 남학생 21.5%보다 낮았으며, 주 3일 이상 고강도 신체활동 실천율 또한 여학생이 18%로 남학생 44.8%보다 훨씬 낮았다. 또한 고등학생이 중학생보다 10% 이상 낮았는데 이러한 결과는 우리나라 학생들의 학업 스트레스가 심하기 때문이라고 생각되며, 특히 남학생보

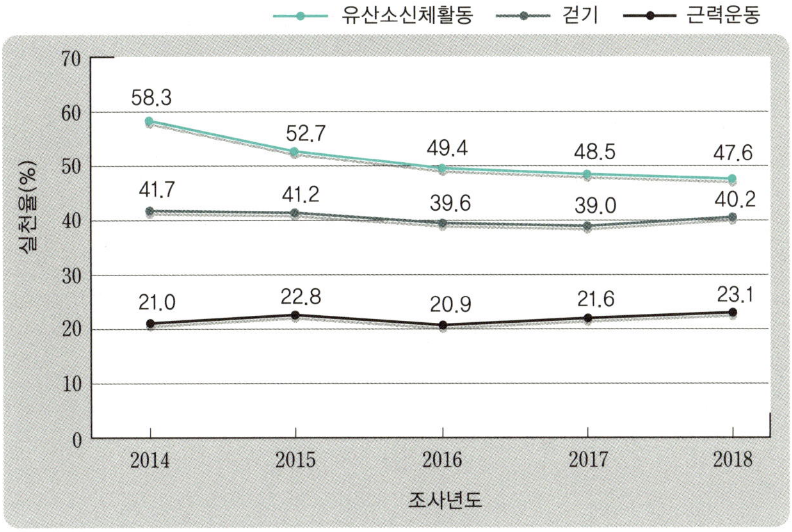


그림 7.1 우리나라 성인의 유산소 신체활동, 걷기, 근력운동 실천율(국민건강영양조사)

다 여학생의 운동 부족 비율이 높은 것으로 보아 전반적인 신체활동 장려와 함께 여자 청소년의 행동 변화가 필요해 보인다.

## 성인과 노인의 신체활동율

성인과 노인의 경우 2019년, 유산소 신체활동 실천율은 남자 52.6%, 여자 42.7%로 여자의 경우 2014년 이래 지속적으로 감소하였고 특히 30~40대의 감소폭이 컸다. 연령별로는 20대에서 유산소 신체활동 실천율이 남자 68.4%, 여자 55.1%, 근력운동 실천율 역시 남자 47.1%, 여자 17.9%로 가장 높았으며 나이가 들수록 감소하였다.

## 신체활동은 면역에 어떠한 영향을 미치는가?

규칙적인 신체활동은 인체의 면역반응을 증가시켜 초기면역반응과 적응성 면역반응을 높이고, 적응성 면역반응 중에서도 세포 매개성 면역반응과 항체 매개성 면역반응을 증진한다. 선천 면역세포 중 자연살해세포natural killer cell, NK cell는 혈액 속에서 온몸을 돌아다니며 바이러스에 감염된 세포나 종양세포, 각종 세균이나 비정상세포를 직접 공격하여 없애는 역할을 한다. 이러한 체내 NK세포의 활성은 일반적으로 20세에 최고에 달하며 나이가 들수록 떨어져 60세에는 절반, 80세에는 3분의 1로 떨어지는데, 이는 고령자에서 여러 감염이나 질병이 많이 생기게 되는 이유이기도 하다. 규칙적인 신체활동은 감소한 흉선 기능의 회복과 NK세포의 기능을 유지함으로써 암세포의 발생을 효율적으로 제지하는 것으로 알려져 있다. 나이가 들어도 건강하고 활력 있게 살려면 NK세포의 활성을 높여야 하며, 이를 위해서는 균형 잡힌 식단으로 식사를 하고 유산소운동과 근력운동과 같은 신체활동을 주 3회 이상 하는 것이 필요하다.

또한 운동과 같은 신체활동 자체가 새로운 면역요법의 하나로 설명되고 있는데 인체에서 가장 중요한 기전 중 하나인 항상성 유지와 방어기전 구축에 필수적인 역할을 한다. 2016년, 청소년 건강행태 온라인조사 자료를 기반으로 국내 12~18세의 5만 3천 명의 알레르기 비염 진단 경험과 근력운동 빈도, 앉아있는 시간 사이의 상관관계를 조사한 연구 결과, 앉아있는 시간이 길수록 알레르기 비염 위험이 큰 것으로 나타났다. 근력운동을 일주일에 5회 이상 하는 청소년보다 1회도 하지 않는 청소년이 알레르기 비염을 겪을 확률이 10% 높았고 하루 중 앉아있는 시간이 1시간 미만인 경우보다 5시간 이상 10시간 미만, 10시간 이상인 경우가 알레르기 비염을 겪을 확률이 각각 23%, 30% 높았다. 이는 근력운동을 하면 백혈구 중 면역 관련 세포의 숫자가 늘어나고 면역기능이 강화되어 알레르기 반응으로 인한 체내 염증이 줄어들기 때문이다. 따라서 청소년기에 축구, 농구, 태권도, 스쿼트, 팔굽혀 펴기 등과 같은 근력운동을 꾸준히 실천하고, 학교에서 쉬는 시간에도 자리에서 일어나 움직이는 것이 필요하다.

신체활동은 계절이나 기후에도 영향을 받는데, 특히 겨울이 되면 기온이 떨어지면서 사람들의 신체활동량이 줄어들고 일조량 감소로 신체활동 시간이 짧아지게 된다. 65세 이상의 노인들의 경우 눈이나 비로 인한 빙판 때문에 넘어질 위험이 커지면서 겨울철 신체활동량이 50% 이

그림 7.2 운동을 통한 면역증강

하로 더 많이 줄어든 것으로 나타났는데, 이는 체력이 더욱 약해지는 결과를 가져온다. 좌식생활 즉 오랫동안 자리에 앉아있는 것은 흡연과 마찬가지로 건강에 해롭다고 보고되고 있는데, 80세 이상까지 꾸준히 신체활동을 계속하였던 노인들은 T 세포의 수도 많았고 흉선도 별로 수축하지 않은 것으로 나타났다. 또한 노년기에 하루 1만 보를 걸으면 백혈구 중 호중구가 젊은이들과 유사하다는 놀라운 결과도 있다.

## 신체활동은 면역 이외에도 어떤 변화를 가져오는가?

### 신체활동과 심혈관질환

규칙적인 신체활동은 심장, 혈관 기능을 개선하며 혈관의 탄력성을 유지하여 다양한 성인병을 예방 및 치료하는 데 기여한다. 하루에 30분 정도의 중등도 신체활동은 인슐린 민감성을 올려 혈당을 조절하고 비만, 혈압, 지질, 혈관 내피기능 및 염증방어시스템에 대한 유익한 효과를 통하여 심혈관질환의 위험을 낮추고 진행을 지연시킨다. 국외 연구에서 50세 이상의 성인에 대한 12.6년의 추적조사결과, 심혈관질환 군에서 주당 2일 이상 근육강화 운동을 시행한 군이 시행하지 않은 군에 비해 1.76배 사망률이 높은 것으로 보고되었다. 또한 폐경 후 중년여성에서 미국심장협회에서 권장하는 주당 2일 이상 근력강화 운동을 시행하는 경우가 심혈관질환 위험군이 14.5%로 비위험군 22.1%에 비하여 유의하게 낮았다. 이는 폐경 후 심혈관질환을 예방하기 위해서는 근력강화 운동을 더 강화해야 함을 보여준다. 또한 12주간 폐경 후 중년여성에게 복합 신체활동 증진 프로그램을 적용한 결과, 실험군은 복합 신체활동 증진 프로그램을 적용하지 않은 대조군보다 근육량이 증가하였고 공복혈당과 체지방은 감소되었다. 더불어 12년간 진행된 유럽 코호트 연구에 따르면 고도비만 중년여성에서 중간 정도 이상의 신체활동은 사망률을 16~30%까지 감소시킨 것으로 나타났다. 대사증후군 대상자에서 중강도 이상으로 주 3시간 이상 운동을 한다면 대사증후군 발병 가능성을 일반인에 비하여 절반으로 낮출 수 있다. 그리고 비록 고령이라도 연령, 신체적 특성 및 체력수준을 고려한 보다 구체화된 신체활동 증가를 위한 프로그램을 적용한다면 각종 만성질환을 예방 및 조절하여 건강을 유지하는 데 크게 기여할 수 있다는 점이 확인되었다.

## 신체활동과 삶의 질

신체활동은 특히 우리나라 전체 여성의 삶의 질에 영향을 미치는 요인으로 보고되었는데, 신체활동을 전혀 하지 않는 여성은 중강도 이상의 신체활동을 하는 여성에 비해 삶의 질을 더 낮게 인식하고 있었다. 심혈관질환을 가진 대상자의 삶의 질은 건강한 대상자보다 유의하게 낮았으며, 신체활동량의 증가는 심혈관질환 위험군에서 삶의 질에 유의한 예측 인자로 나타났다. 그뿐만 아니라 노인의 규칙적인 신체 여가활동은 심리적인 측면에서 우울감과 무력감을 낮추고 삶의 질에 긍정적인 효과를 준 것으로 나타나, 중·노년층에서 신체활동 증진을 위한 노력이 더욱 필요함을 알 수 있다.

## 신체활동과 골밀도

근 감소를 동반한 비만 중년여성은 근 감소가 동반되지 않은 일반 비만 중년여성보다 신체활동 정도가 낮았으며 관절의 움직임에도 많은 시간이 걸리는 것으로 보고되었다. 하지만 많은 연구 결과, 주당 30분 이상 중등도 활동 또는 걷기를 일주일에 5일 이상 실천하여 600 METmetabolic equivalent of task(에너지소모량 단위) 또는 1,000 MET 이상의 여가 신체활동을 지속하는 것은 골밀도를 개선하고 골다공증의 유병률을 유의하게 낮추는 것으로 확인되었다. 따라서 노년기에 흔하게 일어날 수 있는 낙상을 예방하기 위해서는 중년기부터 신체활동을 습관화하고 지속하는 것이 무엇보다 중요하다고 할 수 있다.

## 신체활동과 치매

많은 국내외 연구에서 적절한 신체활동은 노화 과정에서 나타나는 알츠하이머나 치매 등을 예방하여주는 것으로 나타났다. 치매 환자를 대상으로 유산소운동과 근력운동을 함께 시행한 결과, 운동하지 않는 경우와 비교하여 인지기능 감퇴의 속도가 늦었다. 이는 이미 치매 진단을 받은 환자에게도 신체활동을 꾸준히 지속하는 것이 필요함을 말해주고 있다.

## 신체활동과 정신건강 · 수면

우리 몸에서 대표적인 스트레스 호르몬인 '코르티솔cortisol'이 과다하게 분비되면 초기면역반응이 억제되고, 백혈구 분화가 억제되는 등 면역기능이 저하된다. 그뿐만 아니라 카테콜라민 호르몬은 특이면역반응을 담당하는 림프구의 증식을 억제하여 면역반응에 악영향을 미치며, 글루코코티코이드 호르몬은 항체 생산을 억제하고, 암세포나 바이러스에 감염된 세포를 죽이는 NK 세포의 기능을 떨어뜨린다. 정신적인 스트레스는 몸을 움직여야 줄일 수 있는데, 적당한 긴장과 땀을 흘리는 신체활동이 있어야 자율신경인 교감신경과 부교감신경이 조화를 이뤄 몸의 균형을 잡아준다. 이렇듯 면역력, 스트레스, 운동은 서로 밀접하게 연관되어 있다.

2020년부터 시작된 코로나19의 전 세계적 유행과 사회적 거리두기로 인한 우울증, 이른바 '코로나 블루'를 호소하는 이들이 부쩍 늘고 있다. 2020년, 전국 만 20~65세 성인 남녀 1,031명 대상으로 한 한국건강증진개발원의 조사 결과에 따르면 응답자의 40.7%가 코로나 블루를 경험하였다고 응답한 것으로 나타났다. 이러한 우울 증상을 극복하기 위해서는 계단을 오르고 가벼운 아령을 드는 등의 간단한 운동을 통하여 신체활동량을 늘리는 것이 매우 중요하다. 신체활동의 수면의 영향에 관한 연구에 따르면 불면증을 호소하는 대상자에게 주 3회 이상 60분 이상의 중등도 신체활동이나 주 1회 이상의 격렬한 신체활동, 또는 주 1~4회의 근력운동과 같은 적절한 신체활동을 시행하게 한 결과 수면의 질과 만족도가 유의하게 증가하였다.

건강하고 행복한 삶을 영위하기 위해서 우리에게 적당한 신체활동은 필수적이다. 면역력 향상은 신체 · 정신적 건강을 심어주고 나아가 각종 만성질환을 예방하는 데 큰 역할을 한다는 점을 유념하면서, 일상생활에서 신체활동을 실천하기 위하여 노력해야 할 것이다.

8장

# 스트레스와 면역

**권준수**(서울대학교 의과대학 정신과학교실/자연대학 뇌인지과학과)
**이준희**(을지대학교 의과대학 정신건강의학과)

## 스트레스도 면역과 관계가 있는가?

스트레스란 무엇일까? 과학적 의미에서 스트레스란 주변 환경의 변화나 자극으로 인해서 생명체가 반응하는 모든 종류의 자극이다. 스트레스 중에서 좋은 영향을 주는 스트레스가 있는 반면에, 나쁜 영향을 주는 스트레스도 있다. 하지만 일반적으로 스트레스라는 용어는 나에게 나쁜 영향을 미치는 요인에 대한 나의 반응을 뜻한다. 생존에 위협이 되는 일이 생기거나, 내가 하기 어려운 일이 생기거나, 물리적이거나 심리적인 한계에 부딪혔을 때 내 몸이 반응하는 방식이며, 스트레스가 생기면 내 몸의 여러 부분이 변화하면서 어려운 상황에 대응하게 된다. 사람에서는 뇌에 있는 시상하부-뇌하수체-부신까지 이어지는 신경계와 자율신

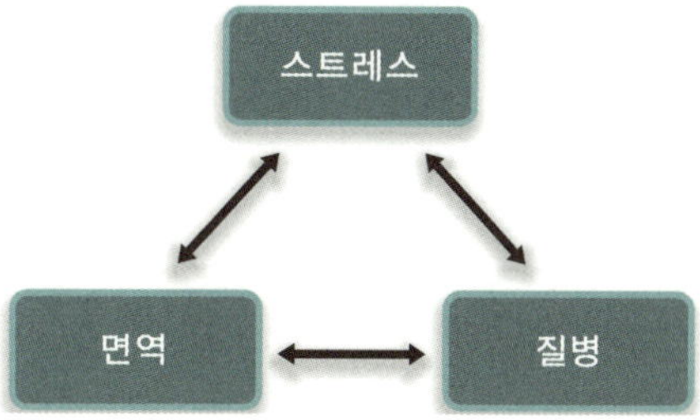


그림 8.1 스트레스, 면역, 질병의 상관관계

경계 중 교감신경계가 스트레스 반응에서 중요한 역할을 한다고 알려져 있다.

전 세계적으로 인류의 전체 사망원인 중 50% 이상이 면역과 관련이 있는 것으로 알려져 있다. 면역은 심근경색, 뇌졸중, 그리고 일부 암과 같이 흔한 질병들과도 관련이 있을 뿐 아니라 불안장애, 우울증, 조현병 등 정신질환들과도 관련이 있는 것으로 알려져 있다. 이 중 실제로도 스트레스와 관련된 부정적 감정, 사회적 관계 등 여러 심리 사회적 요인들이 면역을 저하할 수 있는 것으로 알려져 있다(그림 8.1).

그렇다면 반대로 스트레스와 관련된 심리 사회적 요인들을 없애거나, 스트레스를 없애는 치료를 받는다면 우리의 면역과 건강 증진에 큰 도움이 되리라 예상해볼 수 있다. 하지만 스트레스를 없애주거나 심리 사회적 치료를 받는 경우에 면역을 실제로 강하게 만들 수 있는지, 만약 그렇다면 어떤 치료방법이 가장 좋은지, 또한 누구에게 효과가 가장 좋을지는 정확히 모르는 상황이다.

특히 현대사회는 코로나19의 대유행 시대를 거치며 면역이 큰 관심을 끌고 있는데, 스트레스는 면역과 어떤 관련이 있으며 스트레스를 조절하여 면역을 강하게 할 방법이 있는지를 살펴보자.

## 스트레스는 어떻게 면역에 영향을 주는가?

스트레스 반응이 나타나면 우리 몸에서는 시상하부-뇌하수체-부신 축hypothalamus-pituitary-adrenal axis이 활성화되고 코르티솔cortisol이라는 스트레스 호르몬을 분비한다. 또한 교감신경계가 활성화되어 역시 부신에서 에피네프린, 노르에피네프린 등 신경물질을 분비하여 몸이 스트레스에 반응하도록 한다(그림 8.2). 이렇게 몸이 스트레스에 반응하는 것을 싸움-도망 반응fight-or-flight response이라고 하는데, 내가 공격받거나 생존

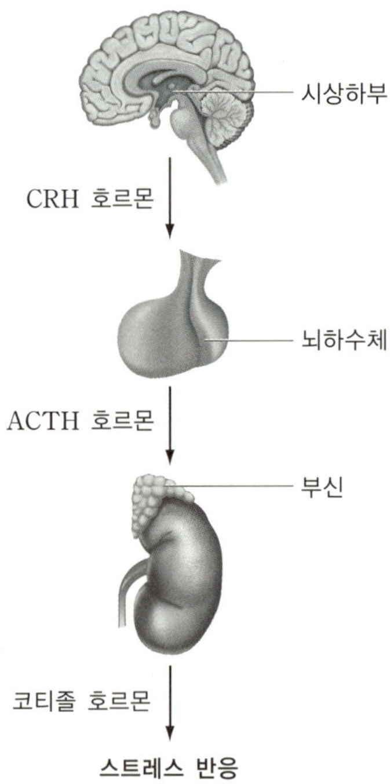


그림 8.2 시상하부–뇌하수체–부신 축

에 위협이 생겼을 때 위협에 맞서 싸우거나 도망갈 수 있도록 몸을 대응시켜 주는 반응을 말한다. 이 반응이 나타나면 일반적으로 심장박동수와 호흡수가 빨라지며 혈압이 올라가 몸에 산소 공급이 원활해지도록 해 준다. 또한 당장 생존에 필수적이지 않은 부위의 혈액순환은 감소시켜 피부가 창백해지며, 소화 기능도 떨어뜨려 음식물을 소화하는 데 드는 에너지를 줄여 일시적인 소화불량을 유발한다. 또한 방광을 이완시켜 소변이 마렵지 않도록 해주고, 몸에 저장된 에너지인 지방과 글리코겐 등을 분해하여 근육이 힘을 쓰는 데 에너지가 부족하지 않도록 만들어 준다.

스트레스는 적당할 경우 나의 몸이 내게 주어진 위협에 적절히 반응할 수 있도록 도움을 주고, 궁극적으로는 내가 살아남고 생존할 수 있도록 해 준다. 하지만 스트레스가 과도할 경우, 스트레스 반응이 극심해져서 불안을 일으키고, 생리적으로 여러 가지 자동 반응을 일으킨다. 그리

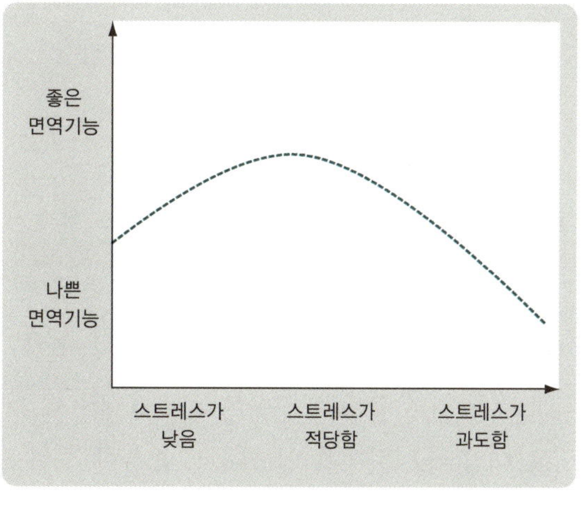


그림 8.3 스트레스의 정도에 따른 면역기능의 변화

고 문제를 바라보는 범위가 너무 좁아져 오히려 중요한 문제를 해결하지 못하게 되거나, 근육 긴장도가 과도하게 높아져 손발이 떨리고 말을 더듬는 등 방어 행동이 지나치게 활성화되어 문제 해결을 방해하게 된다. 또한 스트레스에 대처하는 행동 중 스트레스를 해소하기 위해 술을 마시거나, 담배를 피우거나, 식사를 거르게 되거나, 운동하지 않게 되는 등 결과적으로 건강에 나쁜 행동을 하게 되는 영향 역시 미칠 수 있다.

더군다나 스트레스 반응이 오랫동안 지속하여 만성화될 경우, 몸이 스트레스 호르몬을 만성적으로 분비하게 되고, 스트레스 호르몬의 영향을 오랫동안 받은 면역세포들은 일부 중요한 면역세포들의 기능을 오히려 떨어뜨리기도 한다. 교감신경이 만성적으로 활성화되는 경우에도 cAMP 반응 체계 등 여러 생리학적 반응을 통해 유전자 발현에도 변화를 일으켜 적절한 면역반응을 방해하기도 한다. 이러한 반응들은 사람뿐 아니라 동물들에서도 비슷하게 나타나며, 따라서 그림 8.3과 같이 스트레스는 너무 적지도 않고 그렇다고 너무 과도하지도 않은 적당하게 유지되는 상태가 면역에 가장 바람직하다고 할 수 있다.

## 실제로 스트레스가 면역에 영향을 주는가?

과학자들이 실제로 스트레스가 면역에 영향을 끼친 영향을 발견한 연구들을 살펴보자. 오하이오 주립대학의 로널드 글레이저 교수 연구팀이 75명의 의대생을 대상으로 진행한 연구에서, 중요한 시험을 보기 한 달 전 스트레스가 적을 때와 중요한 시험을 보는 도중 스트레스를 많이 받고 있을 때 혈액 검사를 해서 면역세포의 일종인 T 세포 활성도를 측정하여 보았다. 그 결과 스트레스를 많이 받고 있을 때 혈액에서는 면역세포 수가 줄어있었으며, 특히 의대생 중 외로움을 느끼고 있거나, 최근에 어려운 일을 겪고 있거나, 우울이나 불안 증상을 보이는 학생들에서 두드러지게 면역이 약한 것으로 나타나 스트레스가 면역에 부정적인 영향을 주는 것으로 나타났다.

또한 같은 연구팀의 다른 연구에서는 알츠하이머 치매를 앓고 있는 배우자를 간병하며 만성적으로 높은 스트레스를 받는 사람들을 대상으로, 인플루엔자 바이러스 독감 예방주사 접종 후 인플루엔자 바이러스에 대한 면역이 잘 형성되는지를 조사하였다. 연구 결과에 따르면 스트레스를 받지 않은 나이와 성별이 비슷한 일반인들에 비하여, 알츠하이머 치매를 앓는 배우자를 간병하며 높은 스트레스를 오랫동안 받아온 사람들은 독감 예방주사 접종 후에도 인플루엔자 바이러스에 대한 면역 역할을 하는 항체가 잘 생성되지 않는 것으로 나타났다.

최근 미국의학회에서 발행한 권위 있는 학술지에 발표된 UCLA 대학교 조지 슬라비치 교수 연구팀의 연구에 의하면, 1980년부터 현재까지 발표된 관련 연구들을 조사하였더니 행동 치료, 인지 치료, 인지행동 치료, 지지적 정신 치료, 정신건강 교육, 기타 상담 치료 등 심리 사회적 치료들을 받기 전과 받은 후 면역력을 측정한 연구가 총 56개 있었다. 연구팀은 이 연구들에서 스트레스를 줄여주는 치료를 받은 후 약 4,000명의 사람에게서 면역이 어떻게 변화되었는지를 측정하였다. 면역은 염증성 사이토카인, 항염증성 사이토카인, 항체의 양, 면역세포의 수, NK 세포 활성도, 바이러스양 등으로 측정하였으며 해당하는 사람들은 우울증이나 스트레스 등 정신질환, 내 면역이 본인의 몸을 공격하는 자가면역 질환, 암, 에이즈, 불면증 등 여러 질병을 앓고 있었다.

이 연구에 따르면 지금까지 시행하였던 스트레스를 줄여주는 치료의 면역에 대한 영향을 종합해보면, 심리 사회적 치료 등으로 스트레스를 줄여주면 면역기능이 강해지는 것으로 나타났다. 좋은 면역기능은 14.7% 증가하는 것으로 나타났으며, 나쁜 면역기능은 18% 줄어드는 것으로 나타났다. 심리 사회적 치료를 받으면 면역이 강해지는 효과가 최소 6개월 이상 지속하는 것으로 나타났으며, 모든 성별과 모든 연령대에서 효과적인 것으로 나타났다. 따라서 스트레스를 감소시키는 치료는 면역기능에 도움이 되며, 결국 정신 및 신체 건강에 좋음을 알 수 있다.

또한 우리 삶에 많은 영향을 준 코로나19 대유행 시대에 코로나19와 스트레스의 관계를 조사한 연구자들도 있다. 미국 아리조나 대학교의 리처드 심슨 교수는 코로나19 대유행 시대에 과도한 스트레스 및 불안과 관련된 건강문제에 대처하기 위하여 규칙적인 신체적 활동 등으로 대응해야 한다고 주장하였으며, 실제로 신체적으로 활동적인 사람들이 바이러스성 호흡기 질환에 덜 걸리며 증상도 덜 나타난다는 점을 주장의 근거로 들었다.

## 스트레스와 면역에 대한 정리

앞서 살펴본 바와 같이, 스트레스는 사람이 어려운 상황에 맞닥뜨리거나 생존에 위협을 받을 때 우리가 잘 대처하고 살아남을 수 있도록 몸이 반응하도록 해주는 필수적인 반응이다. 그러나 스트레스가 과도하거나 지나치게 만성적으로 지속할 경우 오히려 우리에게 나쁜 영향을 주기도 하며 면역에도 도움이 되지 않을 수 있다. 사람이 스트레스를 받고 그 스트레스를 인식한 경우 뇌에 있는 시상하부와 뇌하수체라는 기관과 몸에 있는 부신이라는 기관에서 여러 스트레스 호르몬들을 분비하여 면역세포에 영향을 주고 면역에 좋지 않은 영향을 미칠 수 있다(그림 8.4).

지금까지 과학자들이 시행한 연구들에 따르면 실제로 스트레스는 면역에 영향을 미치며, 스트레스를 감소시키는 치료를 하면 면역기능도 강하게 만들 수 있다. 따라서 면역과 관련된 건강에도 역시 도움이 될 수 있는 것으로 나타난다.

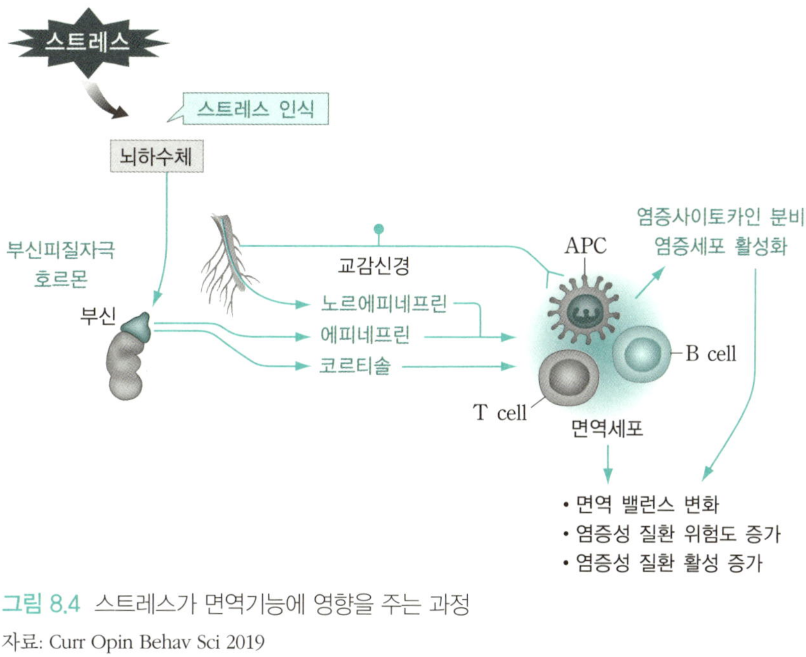


그림 8.4 스트레스가 면역기능에 영향을 주는 과정

자료: Curr Opin Behav Sci 2019

그러나 아직 과도한 스트레스가 정확하게 어떤 과정을 거쳐 면역에 나쁜 영향을 미치는지, 어느 정도의 스트레스가 가장 적절한 것인지, 어떤 대처방법이 스트레스를 가장 잘 해소하고 면역에도 좋은 영향을 줄 수 있는지는 정확하게 알려지지 않았다. 현대인들에게 스트레스는 피할 수 없는 것이며, 문명이 더 발전함에 따라 스트레스는 더 심해질 수 있으리라고 예상된다. 앞으로 부단한 연구와 노력을 통하여 스트레스와 면역의 관계를 더 명확하게 밝히고, 스트레스에 적절하게 대처하여 우리들의 면역도 증진할 방법이 밝혀지기를 기대한다.

9장

# 치의학과 면역

**정필훈 · 최영님**(서울대학교 치의학대학원)

## 입 안에는 어떤 병이 생기는가?

### 충치(치아우식), 치수염, 치근단 감염

보건복지부 자료에 의하면 2018년, 우리나라 12세 아동의 56.4%가 영구치에 흔히 말하는 충치(즉 치아우식)가 있거나 충치 치료를 받은 것으로 조사되었다. 유치를 포함한다면 훨씬 많은 청소년이 충치를 경험하였을 것이다. 충치는 왜 생기는 걸까? 여러분들은 어릴 때 치과에서 선생님이 충치를 설명하면서 벌레蟲가 이齒를 파먹었다고 얘기하는 걸 들어본 적이 있을 것이다. 이러한 예시는 어린이가 이해할 수 있게 설명한 것인데, 좀 더 정확하게 설명한다면 충치는 치아에 부착되어있는 세균집단, 즉 치태세균이 당을 분해해서 만든 산이 치아의 칼슘 성분을 녹

여내서 생기는 현상이다. 그래서 치아우식이라고 불린다(그림 9.1).

치아에 부착되어 있는 세균집단은 수백 종으로 구성되는데, 대부분의 세균은 중성 환경에서 잘 자라지만 치아우식을 일으키는 세균 종은 산성 환경에서도 잘 자라며 당을 대사해서 산을 만드는 능력이 탁월하다. 이러한 세균이 자리 잡은 상태에서 숙주가 단 음식을 많이 먹으면 당을 분해하여 산을 만들어 산성 환경이 조성되고, 산성 환경에 강한 세균 종이 선택되기 때문에 치태세균의 조성은 점점 치아우식을 잘 일으킬 수 있는 방향으로 변화된다(그림 9.2).

치료하지 않은 치아우식이 진행되어 세균이 치수를 침범하면 치수염이 발생하고, 세균이 치수를 타고 뿌리 끝까지 침범하면 치근단 감염이 발생한다(그림 9.1). 치근단 감염이 국소에서 제어되지 않으면 주위 조직의 광범위한 감염으로 나타날 수 있고, 목의 조직 공간으로 번져 목이

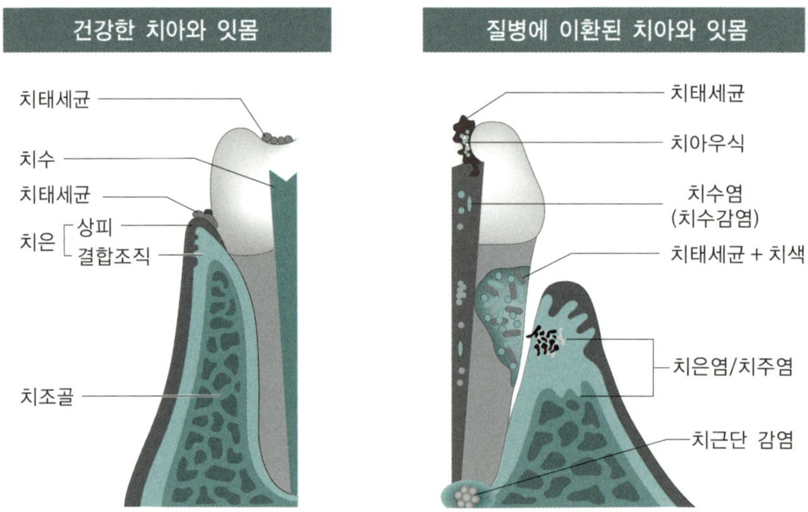


그림 9.1 치아와 잇몸 구조 및 치아와 잇몸에 발생하는 질병

부어오르면 호흡 곤란으로 사망할 수도 있다.

## 잇몸병

칫솔질 후 뱉은 치약에 피가 섞여 나온 걸 본 적이 있을 것이다. 잇몸에서 나는 피는 잇몸병의 대표적인 증상이다. 잇몸병은 크게 치은염과 치주염으로 나눌 수 있다. 치은염은 염증이 연조직에 국한된 것에 반해, 염증이 경조직 즉 뼈에까지 이르러 치아를 지탱하는 치조골 파괴를 동반할 때 치주염으로 분류된다. 우리나라 건강보험 진료환자 통계에 따르면 치은염 및 치주 질환은 2020년, 외래 환자 수와 요양급여비용 총액에서 압도적인 1위를 차지하였다.

잇몸병의 발생 역시 치태세균의 변화와 깊은 관계가 있다. 칫솔질이 미비한 부위를 보면 잇몸을 따라 하얀 치태가 끼어 있고, 그런 부위는 잇몸이 빨갛게 부어 있는 것을 쉽게 볼 수 있다. 치태가 쌓일수록 잇몸에 염증을 일으킬 수 있는 세균 종의 종류와 양이 증가하는데, 잇몸병을 일으키는 세균은 염증의 산물을 먹고 산다. 즉 피에 있는 알부민을 비롯한 많은 단백질과 적혈구에 있는 헤민hemin 등을 분해하여 성장에 이용하는 반면 당대사는 하지 못한다. 단백질을 분해하는 세균들은 아미노산의 탈아미노 작용을 통해 암모니아를 생산하여 주변의 pH를 높이기 때문에 약한 알칼리 환경에서도 잘 자란다. 알칼리 환경에서는 타액에 있는 미네랄의 침전이 일어나 치석이 생기기 쉽다. 따라서 치석의 존재는 단백질 분해 세균이 많이 있다는 뜻이고, 일단 염증이 발생하면 세균 집단의 조성은 염증의 산물을 먹고 사는 세균이 점점 증가할 수 있는 양성 되먹임 고리가 작동한다(그림 9.2).

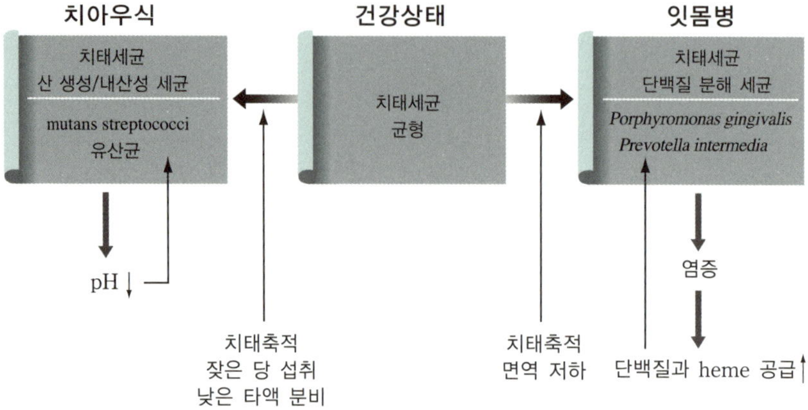


그림 9.2 치태세균의 상태

그렇다면 잇몸병을 일으키는 세균이 증가하면 왜 잇몸에 염증이 생길까? 잇몸병을 일으키는 세균들은 치아 표면에만 머무는 게 아니라 치은상피를 뚫고 잇몸 안으로 들어가는 능력이 탁월하다. 다시 말해 세균 감염이 발생하였기 때문에, 우리 몸의 면역계가 감염된 세균을 제거하기 위하여 염증 면역반응을 일으키게 된다. 염증 면역반응은 감염 세균을 제거하기 위해 꼭 필요하지만, 그 과정에서 일정 수준의 조직파괴를 동반하게 된다. 모든 감염에 대한 면역반응은, 먼저 감염 제거에 집중하고 감염이 제어된 후 파괴된 조직을 재생하도록 짜여 있다. 염증과 조직파괴가 연조직에 국한되는 치은염은 감염원(치태)을 제거하면 원상태를 회복할 수 있으나, 뼈가 파괴되는 치주염은 감염원을 제거하여 염증이 없어져도 치조골은 재생되지 않기 때문에 잇몸의 원상태는 회복할 수 없다.

치은염에서 치주염으로의 진행에는 치태세균 조성의 차이, 숙주인자

(나이, 흡연, 당뇨, 비만 등), 유전인자 등이 관여한다. 치주염을 일으키는 세균은 세균을 제거하는 면역인자를 회피하고 오히려 자신의 생장에 이용하는 특성이 있다. 이렇게 면역반응에 의해 잘 제거되지 않기 때문에 치주염은 보통 만성염증으로 진행된다. 열거한 숙주인자 중에서는 나이가 가장 강력하게 작용하고(치태에 치주병원균이 있어도 35세 전에는 잘 발병하지 않는다), 그 다음으로는 흡연을 들 수 있겠다.

그러면 치주염은 잇몸에만 문제를 일으킬까? 잇몸에 침투한 세균은 혈류를 타고 전신으로 갈 수 있으므로 염증이 병인에 관여하는 심혈관 질환(동맥경화, 뇌졸중), 알츠하이머병이나 구강세균이 병인에 직접 작용할 수 있는 조산, 대장암, 류마티스관절염 발생이나 진행에 기여한다. 담배는 절대 금물이다.

## 바이러스, 진균 감염

입 안에 생기는 병에는 세균 외에 바이러스나 진균 감염으로 인한 병도 있다. 가장 흔하고 대표적인 것만 소개한다면 헤르페스 구내염과 캔디다증을 들 수 있다.

헤르페스 구내염은 사람을 감염시키는 헤르페스 바이러스Human herpesvirus 8가지 중 제1형인 herpes virus 1(HSV1)에 의하여 발생한다. HSV1에 처음 감염되면 일반적인 바이러스 감염 증상인 발열, 두통과 함께 구강점막(혀, 치은 등)에 수포성 병소가 생긴다. 우리 몸의 면역반응이 바이러스에 감염된 세포를 제거하면서 병소는 사라진다. 그러나 HSV1은 완전히 제거되지 않고 신경 축삭돌기를 타고 신경 세포체로 이동하여 면역계로부터 숨어 있다가, 다시 신경을 타고 내려와 구강 상피세포에서 증식하여 입가에 수포성 병소를 만들 수 있다. 이러한 2차성 감염은 초기 감염자의 약 1/3에서 발생하며, 스트레스, 자외선, 국소 외상 등이 2차성 감염 발생에 기여하는 것으로 알려져 있다. 우리나라 성인 대부분에서 HSV1에 대한 IgG 항체가 검출된다(즉 HSV1 감염자). 여러분 중에서도 시험 때 헤르페스 구내염으로 고생하는 사람이 있을 것이다.

캔디다증은 *Candida* 속genus에 속하는 진균에 감염되어 나타나는 병이다. 캔디다는 정상적인 구강 미생물 무리에 속하나 신생아, 고령자, 후천성면역결핍증 환자, 장기간의 스테로이드 복용과 같이 면역기능이 떨어지는 경우나 장기간의 항생제 복용 또는 불결한 틀니 사용 등으로 캔디다가 과도하게 증식하는 경우 구강점막에 감염증으로 나타난다.

## 구강점막 질환

구강에 발생하는 병 중에는 아직 발병 원인이 밝혀지지 않은 것도 있다. 그중에서 상당히 흔한 재발성 아프타성 구내염은 구강 내 볼이나 입술 안쪽, 혀 등에 재발성 궤양이 생기는 병이다. 외상에 의한 일반적인 궤양에 비하여 매우 아픈 게 특징이며 궤양이 치유되는 데 시간이 더 오래 걸린다. 궤양은 저절로 치유되지만 보통 1년에 3~5회 재발한다. 스트레스, 물리적 손상, 비타민이나 미네랄 결핍, 바이러스나 세균 감염 등이 가능한 원인으로 이야기되고 있으나, 안타깝게도 재발이 되지 않게 완전히 치유할 수 있는 치료법은 아직 없다. 한 가지 희망적인 점은 나이가 들수록 재발 빈도가 감소한다는 점이다.

### 자가면역질환

우리 몸에 침입하는 바이러스나 세균과 싸워야 할 면역세포가 반란을 일으켜 우리 몸의 세포를 공격하는 자가면역질환은 구강 영역에도 발생한다. 그 예로 4장에 소개된 쇼그렌병과 함께 천포창이 있다. 천포창은 상피 각질형성세포를 연결하는 '데스모글라인'이라는 단백질에 자가항체가 생겨 각질형성세포의 연결이 끊어지면서 입안 점막상피에서 시작하여 전신 피부에 수포가 생기는 병이다.

### 구강암

입술, 혀, 볼의 안쪽 점막, 입천장 앞부분, 잇몸 등 입 안에도 암이 발생할 수 있다. 구강암은 암으로 변환된 세포의 종류에 따라 편평세포암종, 소타액선암, 육종, 림프종, 흑색종 등으로 분류되며, 편평세포암종이 87%로 가장 흔하다.

## 구강병은 면역과 어떤 관계가 있는가?

### 구강 건강을 책임지는 면역인자

구강 건강을 책임지는 면역인자는 타액에 포함된 다양한 항균 단백질, 펩타이드와 IgA 항체, 구강상피의 물리·화학적 장벽, 상피를 통해 침투한 외부항원에 반응하여 염증을 일으키는 비만세포, 보체계 complement system, 포식세포인 호중구와 대식세포, 상피를 통해 침투한 외부항원을 포획하여 T 세포에 항원을 제시하는 수지상세포, 적응면역을 담당하는 B 세포와 T 세포, B 세포가 만들어내는 항체를 포함한다.

## 면역인자와 구강병의 관계

구강병의 발생이나 진행에 면역인자가 어떤 역할을 하는지 알 수 있는 가장 좋은 방법은 특정 면역인자가 결핍된 사람들의 구강 건강을 살펴보는 것이다.

### 구강건조증과 구강 건강

구강건조증을 유발하는 타액 분비 감소는 앞서 언급된 자가면역질환인 쇼그렌병에 의해서도 발생하지만, 침샘이 방사선에 노출되는 두경부 항암 방사선 치료에 의해서도 발생할 수 있다. 또한 매우 다양한 약에 의해서도 유발된다. 타액은 항균작용 외에도 구강점막의 윤활작용, pH 완충작용 등 구강 건강을 유지하는 데 중요한 역할을 한다. 따라서 구강건조증은 구강에 다양한 문제를 초래하는데, 심한 입 냄새가 나고 씹거나 삼키는 것도 힘들어지며 점막이 쓰리고 아프기도 하며 미각이 변하기도 한다. 또한 pH 완충작용 약화로 치아우식이 증가하며 항균작용 약화로 인해 캔디다증, 치은염, 치주염이 증가한다.

### 호중구 이상과 치주염

유전자 변이에 의한 다양한 선천성 면역결핍증 중에서 호중구의 수나 기능에 문제가 있는 환자는 어린 나이에 심한 치은염과 치주염이 발생한다. 호중구의 수에 문제가 있는 질환은 선천성 호중구 감소증과 주기성 호중구 감소증이 있고, 기능에 문제가 있는 질환은 만성 육아종 질환, 백혈구 부착 결핍, 체디아크 히가시 증후군 등이 있다. 호중구는 혈중 백혈구의 절반 정도를 차지하는 포식세포로 감염이 발생하면 혈액으로부터 백혈구 중 가장 먼저 감염 부위로 이동하여 초기 면역반응을 주도한다. 감염이 없는 정상조직에선 호중구가 거의 관찰되지 않으나 치은조직은 지속하여 치태세균에 노출되기 때문에, 건강한 상태에서도 치아에 인접한 상피층 아래에 관찰되고, 치아와 상피 사이 공간으로도 이동하여 치태세균에 대항한다. 중증 선천성 호중구 감소증 환자의 경우 생후 2년 이내에 치주염이 생길 수 있는데, 호중구 수는 정상이지만 혈관에서 조직으로 이동하지 못하는 백혈구 부착 결핍 환자에게서도 사춘기 이전에 치주염이 발생한다. 이는 치은조직에서 호중구가 잇몸 건강을 유지하는 데 매우 중요한 역할을 한다는 것을 알려준다.

### 항균 펩타이드 LL37과 치주염

여러분들은 최초의 항생제 페니실린이 푸른 곰팡이 주변에 포도상구균이 자라지 않은 것을 보고 푸른 곰팡이에서 분리되었다는 일화를 잘 알고 있을 것이다. 그런데 우리 스스로 천혜의 항생제라 말할 수 있는 항균 펩타이드를 만든다는 사실은 잘 모를 것 같다. 항균 펩타이드는 10~50개 아미노산으로 구성된 짧은 사슬로 광범위한 세균, 곰팡이, 바이러스에 대해 살균 효과를 나타내는 단백질 조각이다. 이러한 항균 펩타이드는 수십 종이 있고 감염에 대한 싸움의 최전방에 있는 상피세포와 백혈구가 만들어낸다. 앞서 언급한 중증 선천성 호중구 감소증은 골수 이식이나 재조합 과립세포군촉진인자G-CSF로 치료하지 않으면 치명적인 병이다. 환자가 재조합 과립세포군촉진인자로 치료받는 경우 호중구 수가 정상으로 회복됨에도 20대 초반에 심한 치주염이 발생한다. 오랫동안 그 원인을 알 수가 없었는데, 연구 결과 이 환자들의 호중구 및 타액에 항균 펩타이드 중 한 가지인 LL37이 결핍되어 있다는 것이 밝혀졌다. 즉 LL37이 치주병원균에 대항하여 잇몸 건강을 유지하는 데 매우 중요하다는 의미이다.

### 혈액암 환자의 항암화학요법으로 인한 구내염 및 HSV1 재활성화

암치료를 위한 항암화학요법은 암세포뿐 아니라 정상세포에도 영향을 주기 때문에 부작용을 동반한다. 특히 혈액암 환자나 골수 이식을 받는 환자들은 장기간의 면역억제를 동반하는 고용량 화학요법 치료를 받기 때문에 다양한 부작용을 겪는다. 이 환자들에 대한 한 설문에 따르면 항암치료 기간 중 가장 힘들었던 부작용으로 구내염을 든 환자들이 가장 많았다. 구내염은 항암치료 시작 후 5~10일 이내에 발생해 1~2주간 지속되는데, 병소는 혀 밑이나 혓등, 볼 안쪽, 입술 안쪽, 입천장 등의 점막에 붉은색 발적으로 시작하여 궤양으로 진행된다. 발생기전은 항암제의 세포독성으로 손상된 조직에 대한 염증반응이 증폭되고 이후 숙주-미생물 상호작용이 관여하는 것으로 알려져 있다.

그런데 항암화학요법으로 인한 구내염은 호중구 감소와도 높은 연관이 있어서 혈중 호중구 수치가 회복되면 빠른 속도로 병소가 치유된다. 선천성 호중구 감소증과 주기성 호중구 감소증 환자에게서도 구내염이 빈번하게 발생하는 것으로 보아 호중구는 구강점막의 건강을 유지하는 데도 중요하다는 사실을 알 수 있다(그러나 재발성 아프타성 구내염에서는 호중구 감소가 관찰되지 않는다). 최근 국내에서 시행한 연구에 따르면, 혈액암 환자의 화학요법 치료나 골수 이식을 위한 전처치 후 HSV1 재활성화가 증가한다. HSV1 재활성화가 증가하는 시기는 중증 호중구 감소증과 림프구 감소증이 나타나는 시기와 일치하기 때문에 평소 바이러스에 대한 정상적인 세포면역기능이 HSV1 재활성화를 억제하고 있다는 사실을 알 수 있다. 이 환자들에서 HSV1 재활성화가 헤르페스 구내염과는 구별되는 화학요법으로 인한 구내염 발생과 높은 연관을 보였다. 즉 재활성화된 바이러스에 대한 상피세포의 염증 면역반응이 구내염 발생에 기여하였다고 짐작할 수 있다.

## 면역조절로 구강병을 극복할 수 있을까?

### 치아우식 · 치주질환 예방주사

구강병 중 유병률이 매우 높은 치아우식과 잇몸병은 원인 세균이 그대로 존재하는 한 치료를 하여도 곧 재발할 수 있다. 그렇다면 예방주사로 치아우식이나 잇몸병을 예방할 수 있을까? 치아우식과 잇몸병은 원인 세균이 한 종류가 아니라 여러 종이라는 점에서 다른 감염성 질환보다 예방주사 개발에 어려움이 있다. 그러나 이론적으로는 예방은 가능하고 적어도 동물모델과 임상시험에서 제한적인 효과는 확인되었다. 예방주사 개발전략은 세균과 세균 간의 부착에 관여하는 부착소나 중요한 병원성 인자에 대한 항체를 유도하여 치태 내 병원성 세균을 억제하는 것이다(그림 9.3). 지난 수십 년 동안의 연구를 통해 단일 항원을 사용하는 것(단가 예방주사)보다는 여러 항원(다가 예방주사)을 사용하는 것이 효과적이란 사실이 알려졌다. 또한 타액을 통하여 분비되는 IgA를 유도하기 위해선 비강점막 또는 혀 밑 점막을 통한 면역화 경로가 효과적이라는 사실이 알려졌으며, 이러한 점막 예방주사에 효과적인 보강제도 개발되었다.

그러나 아직 상용화된 예방주사는 없는데, 이렇듯 예방주사 개발이 쉽지 않은 원인에는 구강병이 치명적인 질환이 아니라서 예방주사 개발에 적극적인 투자가 이루어지지 않는다는 점이 크게 작용한다. 예방주사로 얻을 수 있는 이익이 예방주사의 부작용으로 인한 위험보다 월등히 커야 하는데, 이익은 치명적인 질환일수록 커진다. 지난 2019년에는 호주의 한 바이오벤쳐 회사가 치주질환 예방주사 개발을 위해 약 123억 원 투자를 유치하였다. 모더나가 코로나19 예방주사 개발을 위해 미국 정부에서 지원받은 약 2조7300억 원에 비하면 너무 적은 돈이다. 치주질환의 높은 유병율(우리나라의 2020년도 치주질환자 1600만 명에 대한 요양급여비용 총액은 약 1.6조 원이다)과 치주질환이 다양한 전신질환에 미치는 영향을 고려해본다면 치주질환 예방으로 얻을 수 있는 이익은 재산정 되어야 한다. 우리나라의 한 대학에서도 약 10억 원의 연구비로 치주염 예방주사 개발 연구를 수행하고 있는데 이에 관한 관심과 지원이 필요하다.

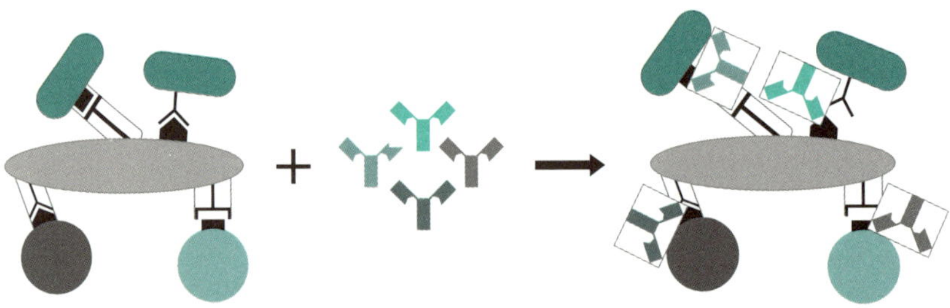

그림 9.3 항체에 의한 치태세균 제어

## 치아우식·치주질환 수동면역

백신에 의한 능동면역 대신 수동면역에 의한 치태 조절도 한 방법이다. 과거에는 수동면역을 위해 소를 면역접종하여 항체를 함유한 우유를 먹거나 감자나 담배잎이 항체를 발현하도록 하는 전략을 사용하였다. 그러나 항체의약품 생산 기술이 발전한 요즘은 옛날보다 쉽게 항원에 높은 결합력으로 결합할 수 있는 단일 항체를 골라 생산할 수 있다. 능동면역에 비하여 수동면역은 예방주사 부작용으로 인한 비용과 임상시험 비용을 크게 절감할 수 있는 대신 지속기간이 짧다는 단점이 있다. 결합력이 매우 우수한 항체를 선별한다면 다양한 결합력의 항체가 만들어지는 능동면역보다 훨씬 낮은 농도로도 효과를 기대할 수 있다. 더욱이 점막표면에 잘 머물고 단백분해효소에 대한 저항성을 갖는 분비형 IgA 형태로 생산한다면 가격경쟁력 있는 제품 개발이 가능할 것으로 기대된다.

## 쇼그렌병에서 자가항체 조절

4장에 기술되었듯이 자가면역질환은 보통 다양한 유전적 이상과 환경 요인이 복합적으로 작용하여 발생하는데, 환경 요인의 가장 대표적인 사례는 바로 미생물 감염이다. 피터 메더워와 프랭크 버넷이 클론 선택 이론clonal selection theory에서 제안하였듯이 림프구가 만들어지는 동안 내 몸을 공격할 수 있는 세포는 제거된다. 그런데 여기서 한 가지 문제는 기본적인 생화학적 기능을 하는 단백질들은 세균의 것도 우리 것과 유사한 단백질이 많다는 점이다. 예를 들어 눈물샘이나 침샘에서 세포막을 통하여 물을 운반해주는 아쿠아포린5aquaporin 5에 대한 자가항체가 쇼그렌병 환자의 약 70%에서 검출되는데, 아쿠아포린5는 몇 가지 구강세균에 있는 아쿠아포린과 아미노산 서열이 33~39% 동일하고 51~57% 유사하다. 특히 박테로이데스 멜라니노게니쿠스Prevotella melaninogenica 아쿠아포린은 자가항체가 결합하는 에피토프 중 물분자가 통과하는 통로를 만드는 루프에 위치한 에피토프 E의 11개 아미노산 중 9개가 동일하다(그림 9.4). 자가항원에 반응할 수 있는 림프구 중에는 제거되지 않고 무반응anergy 상태로 남아 있는 세포들이 있다. 이러한 세포가 왜 존재해야 하는지 의문이었는데, 호주의 면역학자 크리스 굿나우가 자가항원에 의해 무반응 상태로 전환된 B 림프구가 유사한 외부항원이 들어오면 활성화되어 항체를 만들 수 있음을 보여주었다. 굿나우는 자가항원에 반응하는 세포를 모두 제거하면 면역 방어막에 구멍이 생기고 병원균이 이런 구멍을 이용하여 면역을 회피할 수 있어서 무반응 상태로 남겨 두는 게 유용하다고 주장한다. 그렇다면 아쿠아포린5를 인지하는 B 림프구가 무반응 세포로 전환되어도 박테로이데스 멜라니노게니쿠스 아쿠아포린에 의하여 활성화되어 자가항체를 만들 가능성이 있다. 실제 박테로이데스 멜라니노게니쿠스 아쿠아포린에서 유래한 펩타이드를 생쥐에 면역접종하면 아쿠아포린5에 대한 자가항체가 생성되고 타액 분비가 감소하는 것이 확인되었다. 그렇다면 박테로이데스 멜라니노게니쿠스는 모든 사람의 구강에 존재하는데, 아쿠아포린5에 대한 자가항체는 왜 모든 사람에서 생기지 않을까? 무반응 B 림프구가 외부항원에 의해 활성화되는 조건이 무엇인지, B 림프구는 세균항원과 유사한 자가항원을 어떻게 구별하는지가 비밀의 핵심이다. 우리나라의 한 대학에서도 이 비밀을 풀기 위한 연구가 진행 중인데, 비밀의 열쇠를 찾는다

```
                                                  A                                                                                                C
hAQP5   1 MKKEVCSVAFLKAVFAEFLATLIFVFFGLGSALKWP----SALPTILQIALAFGLAIGTLAQALGPVSGGHINPAITLALLVGNQISLLRAFFYVAAQLVGAIAGAGILYGVAP------LNARGNLAVNALNNNTTQGQAMVVELILTF 140
PmAqp   1 ----------MKKYLAEMIGTMVLVLMGCGAAVSLGCDPVNNQAAVVGTAMAFGLSVVSMAYAIGGISGCHINPAITLGVFLSGRMSAKDCAMYMLFQFIGGLIGAALLFLLVTNAGSGFAAAGAGLGANGLQDGISVASGLLAEIIFTC 140
                                                        E
hAQP5 141 QLALCIFASTDSRRTSPVGSPALSIGLSVTLGHLVGIYFTGCSMNPARSFGPAVVMN-RFSPAH-----WVFWVGPIVGAVLAAILYFYLLFPNSLSLSERVAIIKGTYEPDEDWEEQREERKKTMELTTR              240
PmAqp 141 VFVLVVLGATSKTNGATGKFAGLAIGLSLILVHLVCIRYTGTSVNPARSFGPAIFAQLAGGPATALSNLWIFIVGPFAGGALASVIWRVIEPSEK-----------------------------------              230
```

두 단백질의 서열 비교. 검은 사각형은 아쿠아포린 5에 대한 자가항체가 결합하는 에피토프 A, C, E 표기

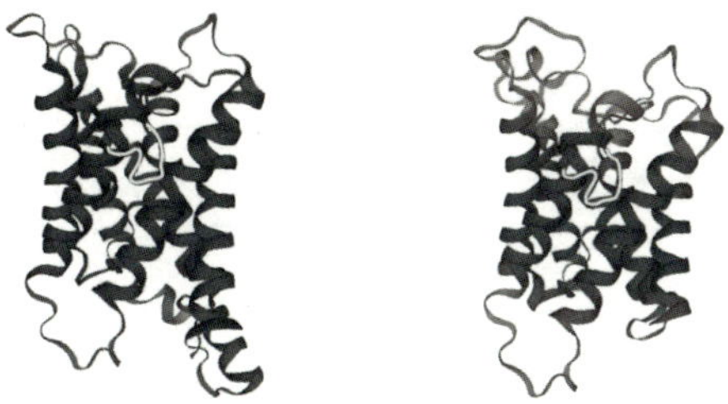

사람 아쿠아포린 5 구조와 Pm 아쿠아포린의 예측된 구조. 가운데 흰색 선은 에피토프 E 표시

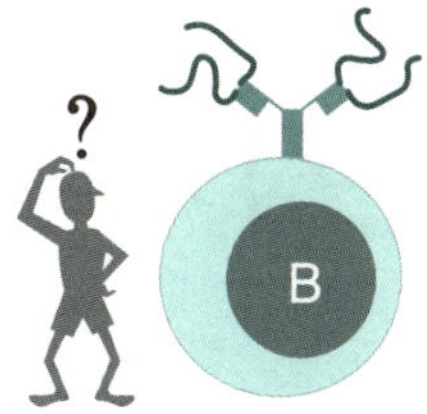


B 림프구는 자가항원과 세균 항원을 어떻게 구분할까?

그림 9.4 사람의 아쿠아포린5와 구강세균 Prevotella melaninogenica(Pm) 아쿠아포린의 유사성

면 항-아쿠아포린5 자가항체로 인한 건조증 치료뿐 아니라 자가항체로 인한 자가면역치료에 크게 기여할 것으로 기대된다.

10장

# 면역에 좋은 건강기능식품을 생각한다면

**채한정**(전북대학교 약학대학)

## 면역이 증가할 수 있는 방법이 있는가?

면역력이란 '외부에서 들어오는 병원균이나 독성물질에 대해 저항하는 힘'을 말한다. 최근 들어 면역력 강화는 사회적 합의로 이루어진 건강지향의 방향성으로 떠올랐다. 본 장에서는 면역에 관한 건강기능식품을 이야기하고자 한다.

### 건강기능식품의 개요

인체에 유용한 기능을 가진 원료의 복합물이나 특정한 기능을 가진 성분(기능성 원료)을 사용하여 제조한 건강기능식품은 우리나라 식품의약품안전처(이하 식약처)에서 시험관시험, 동물시험, 인체적용시험 등 과학적 근거를 평가하여 기능성을 인정받은 기능성 원료를 이용하여 만든 제품이다. 건강기능식품은 음식에 풍부한 비타민, 항산화제, 영양물질이 질병 예방에 효능이 있다는 전제에 기반하고 있으며, 2002년 8월에 공포된 '건강기능식품에 관한 법률'은 2004년부터 시행되어 온 역사가 있다.

기능성에 초점을 맞춘 건강기능식품은 그 영양 기능 정보를 표시하도록 하며 건강기능식품 마크를 통하여 구분하도록 법으로 명시하고 있다[건강기능식품에 관한 법률(건강기능식품법), 법률 제10219호]. 건강기능식품은 식약처 건강기능식품공전에 기준 및 규격으로 고시된 원료와 개별적으로 식약처 심사를 거쳐 인정받은 개발자만이 판매할 수 있는 개별인정 원료로 나누어져 있다.

## 약과 건강기능식품 차이

### 건강기능식품은 질환의 치료 목적으로는 부적합

엄격한 규정에 따라 생산되는 면역 관련 의약품은 장기이식 거부반응의 예방 등보다 전문영역에서 사용되며, 최근 코로나바이러스 백신 관련 면역증강제를 비롯하여 인류의 면역 부적합 혹은 항진 조절 개념으로 사용된다. 일반적인 건강한 소비자의 관점에서 면역증강을 기대하며 복용하고자 할 때 적절한 식습관, 운동 외에 의약품으로 주치의가 권할 수 있는 약은 없다고 볼 수 있다. 약은 기본적으로 환자를 위한 개념이기 때문이다. 건강기능식품은 환자가 아닌 건강인 혹은 준(반)건강인을 대상으로 하고 있다. 예방을 목적으로 사용할 수 있으며 건강인과 환자의 기준 사이 경계영역의 질환 마커를 보이는 그룹을 지칭하는 준(반)

건강인에게 증상 완화에 도움을 주고자 사용할 수 있는 것이 건강기능식품이라고 할 수 있다. 즉 질환 치료를 목적으로 건강기능식품을 선택하기에는 무리가 있는 것이다. 의약품은 대규모의 여러 번의 임상시험을 통하여 용법, 용량에 대한 정확한 지침이 있어 철저히 준수하게 되어 있지만, 건강기능식품은 100여 명 수준의 2상 임상시험(인체적용시험)을 바탕으로 섭취량을 추천하는 형식으로 식품회사마다 다양한 섭취량을 표기하고 있음을 인지할 필요가 있다. 다시 말해 건강기능식품은 경우별로 그 효능과 발현이 천차만별이기에 누구에게 효능과 발현에 관한 책임을 묻기가 모호한 것이다. 하지만 우리나라는 식약처가 건강기능식품을 고시화하고 인정해주는 시스템을 운용하면서 건강기능식품이 마치 약처럼 소비자가 받아들일 가능성이 매우 높다. 이에 소비자가 주체적으로 판단해볼 수 있는 예방적 차원의 건강기능식품을 설명하고자 한다.

**표 10.1** 건강기능식품 기능성 원료 현황·면역 관련

면역기능 증진에 도움을 줄 수 있음

| 번호 | 카테고리 | 제목 |
|---|---|---|
| 1 | 고시형 원료 | 인삼 |
| 2 | | 홍삼 |
| 3 | | 클로렐라 |
| 4 | | 알콕시글리세롤 함유 상어간유 |
| 5 | | 알로에 겔 |
| 6 | | 상황버섯추출물 |

| | | |
|---|---|---|
| 7 | 개별<br>인정형원료<br>고시형원료 | 실크단백질 산가수분해물(Sil-Q1)(월드웨이㈜, 제2021-1호) |
| 8 | | 베타글루칸분말(네이처런스㈜, 제2020-10호) |
| 9 | | 인삼 다당체 추출물(㈜헬스바이오메드, 제2015-11호) |
| 10 | | 효모베타글루칸(㈜내츄럴엔도텍, 제2013-34호) |
| 11 | | 바이오게르마늄 효모(게란티제약㈜, 제2007-15호) |
| 12 | | 동충하초 주정 추출물(동아제약㈜달성공장, 제2013-16호) |
| 13 | | 헤모힘 당귀 등 혼합추출물<br>(콜마비앤에이치㈜선바이오텍사업부문, 제2006-17호) |
| 14 | | 청국장균배양정제물(폴리감마글루탐산칼륨)<br>(㈜바이오리더스, 제2012-25호) |
| 15 | | 표고버섯균사체(㈜케이씨에프코리아, 제2008-78호,<br>(㈜HK바이오텍, 제2010-35호) |

### 면역과민반응 개선에 도움을 줄 수 있음

| 번호 | 카테고리 | 제목 |
|---|---|---|
| 1 | 개별인정형원료 | 액상 다래추출물(㈜헬릭스미스, 제2009-58호) |
| 2 | 개별인정형원료 | 다래추출물(PG102)(㈜바이로메드, 제2009-18호) |

### 면역과민반응에 의한 피부 상태 개선에 도움을 줄 수 있음

| 번호 | 카테고리 | 제목 |
|---|---|---|
| 1 | 개별인정형원료 | Lactobacillus rhamnosus IDCC3201<br>열처리배양건조물(일동제약㈜ 안성공장, 제2018-12호) |
| 2 | 개별인정형원료 | Lactobacillus sakei Probio65(㈜프로바이오닉, 제2013-17호) |
| 3 | 개별인정형원료 | 과채유래유산균(CJ제일제당㈜, 제2013-11호) |
| 4 | 고시형원료 | 감마리놀렌산 함유 유지 |

면역과민반응에 의한 코 상태 개선에 도움을 줄 수 있음

| 번호 | 카테고리 | 제목 |
|---|---|---|
| 1 | 개별인정형원료 | L. plantarum IM76과 B. longum IM55 복합물(NVP1703)((주)네비팜, 제2019-28호) |
| 2 | 개별인정형원료 | 쑥부쟁이추출분말(국립농업과학원, 제2019-13호) |

기타: 인터루킨-4 감소를 통한 면역조절에 도움을 줄 수 있음

| 번호 | 카테고리 | 제목 |
|---|---|---|
| 1 | 개별인정형원료 | 피엘에이지(PLAG, 1-palmitoyl-2-linoleoyl-3-acetyl-rac-glycerol)((주)엔지켐생명과학, 제2013-35호) |

## 면역에 좋은 건강기능식품에 무엇이 있는가?

앞서 말한 바와 같이 건강기능식품은 기능 표기에 대하여 엄격한 심사를 받고 있다. 심사 통과 후 기능claim 명시에는 장 건강을 위시한 다양한 건강 기능을 공식적으로 기술하게 된다. 현재까지 허가받아온 건강기능식품 가운데 대표적 식품들을 소개하고자 한다.

### 고시형

#### ① 인삼

인삼의 주요성분은 사포닌saponin 또는 진세노사이드ginsenoside로 불리는 트리테르펜 배당체triterpene glycoside 등이 대표적이며 인삼

은 건강기능식품에서 전통적으로 제일 많이 알려진 우리나라 대표 건강식품이라고 할 수 있다. 인삼의 면역조절 가능에 대하여 유효성분으로 대표적인 것은 진세노사이드 Rg1, Rg3 및 인삼 다당체 등이다. Ro, Rb1, Rb2, Rc, Rg3, Rh2, Re, Rg2, Rh1도 면역조절기능이 보고되어 있다. 인삼은 임파구 증식 증가, 항체생성증가 등 특이적 면역과 비특이적 면역 모두 항진시킬 수 있는 효과를 보였다.

## ② 홍삼

홍삼은 수삼을 증기 등으로 쪄서 익혀 말린 것으로 이동과 보관에 유용한 가공 인삼이라고 말할 수 있다. 인삼의 성분은 대부분 진세노사이드인 Rb1, Rb2, Rc, Rd, Re가 이루고 있으나 홍삼 제조과정에서 당이 분해하여 저분자로 되어 Rh2와 같은 홍삼 특유의 성분이 생성되기도 한다. 또한 Rg3는 인삼보다 홍삼에 함량이 증가되어 있다. 홍삼은 대체로 인삼과 유사한 면역조절기능을 가진다고 알려져 있다.

### ③ 클로렐라

클로렐라는 흩알말Chlorella vulagris의 배양건조물로 엽록소, 아연, 아미노산 등으로 구성되어 있다. 클로렐라는 마크로파지macrophage(동물 체내의 모든 조직에 분포하여 면역을 담당하는 세포)를 통한 탐식 기능의 증가 및 T 세포과 B 세포를 같이 활성화하는 것으로 알려져 있으며 아토피성 피부염을 감소하는 결과를 보였다. 복합물로 총 엽록소 함량이 기준이다.

### ④ 알콕시글리세롤 함유 상어간유

심해 상어의 간에서 추출한 알콕시글리세롤유지를 식용으로 만든 것으로 구조는 중성지방과 유사하며 상어간유의 알콕시글리세롤에는 키밀알콜chimyl alcohol, 바틸알콜batyl alcohol, 세틸알콜cetyl alcohol이 포함되어 있다. 면역증강작용이 알려져 있으며 마크로파지 증가 등이 확인되었다(Lannitti, 2010).

### ⑤ 알로에겔

알로에는 피부 건강, 장 건강, 항암 활성과 면역력 증진에 도움을 줄 수 있다고 보고되었다. 유효성분은 아세틸화 매넌acetylated mannan으로 항바이러스 활성을 가지며 사이토카인 생산, NO 생성 촉진을 통해 면역력 향상에 도움을 준다고 보고된 바 있다(Pugh, 2001; Lee, 2001). 인체적용시험에서 건강한 성인 102명에게 매일 알로에겔을 8주 동안 섭취시킨 결과 CD56 수치와 자연살해세포NK cell 활성이

고용량, 저용량, 위약군 간에 유의한 차이를 보였으며, HLA class II 항원 수치는 섭취 전과 비교하여 유의하게 증가하는 것으로 나타났다(고시형 건강기능식품 기능성 재평가, 2005).

### ⑥ 상황버섯추출물

상황버섯은 고산지대에 서식하고 있는 고목에서 자생하는 담자균류의 다년생 버섯으로 칼륨, 칼슘, 마그네슘 등 영양소가 풍부하지만, 특히 인체 내 면역기능을 강화하는데 탁월한 베타글루칸beta-glucan이라는 다당체가 다량으로 함유되어 있다. 베타글루칸은 인간 정상세포의 면역기능을 활성화한다. 2016년에 식약처에서 상황버섯추출물 내 베타글루칸을 지표성분으로 지정하고, 87~162 mg/g을 함유하였을 시 면역기능 개선에 도움을 줄 수 있는 기능성 원료로 인정한 바 있다.

## 개별인정형

### ① 실크단백질 산가수분해물

실크단백질 산가수분해물Sil-Q1은 항산화 활성을 강화한다고 보고되었으며, 면역력 증진에 도움을 주고 혈중 콜레스테롤 수치를 감소시켜 혈당 상승을 억제한다고 알려져 있다.

### ② 베타글루칸분말

베타글루칸은 프로바이오틱 섬유로서 염증을 조절하는 데 중요한 역할을 한다. 베타글루칸은 분자량이 크기 때문에 표면 수용체에 결합하여 면역세포를 활성화하는데, 베타글루칸은 T 세포, 대식세포, 호중구, 단핵구, NK 세포 및 수지상세포를 포함한 면역세포 활동을 자극하는 여러 면역 수용체에 작용하여 결과적으로 선천적 및 적응성 모두에 조절 효과를 보인다고 한다. 글루칸은 겨울철에 50에서 70세 사이의 중년, 노년층에게 매일 90일 동안 경구 보충제로 섭취하였을 때 상부 호흡기 감염에 대한 보호 효과를 증명한 바 있다.

### ③ 인삼 다당체 추출물

인삼의 면역 활성은 인삼 사포닌보다는 인삼 다당체가 더 큰 것으로 보고 있다. 진산Ginsan 다당체는 T 세포 미토겐T cell mitogen인 콘카나발린concanavalin A와 유사한 임파구 증식작용을 나타내며 NK 세포, LAK 세포 활성작용이 매우 강하다. 또한 대식세포를 자극하여 NO 및 각종 케모카인chemokine들을 발생함으로써 항암 작용을 가지고 있는 것으로 알려져 있다. 인체적용시험에서 인삼 다당체 400 mg을 면역력이 약한 323명에게 4개월 동안 섭취시켜 감기에 걸리는 횟수가 줄어드는 것을 증명한 바 있다(J. E. McElhaney, 2006).

### ④ 바이오게르마늄 효모

자연에 미량으로 존재하며 면역 강화, 활성산소억제 및 중금속 해독 작용이 있는 게르마늄은 항바이러스 및 면역학적 특성이 검증되어진 바 있다(Goodman, 1988). 효모 발효 과정을 통해 자연적으로 합성된 유기 게르마늄 화합물인 바이오게르마늄bio-germanium을 사용하여 8주간의 무작위 이중 맹검 위약 대조 연구를 수행하였는데, 이 연구는 바이오 게르마늄 그룹과 위약 그룹으로 나누어진 백혈구 수가 4-8(× 103 / μL)인 130명의 피험자를 대상으로 수행되었다. 연구 결과, 게르마늄 투약군에서 NK 세포 활성 증가를 제시하여 면역증강효과를 효과적으로 검증한 바 있다(Cho, 2020).

### ⑤ 동충하초 주정 추출물

자실체가 성장하는 버섯인 동충하초는 성인 남녀를 대상으로 12주간 단일기관, 무작위배정, 이중눈가림, 플라세보 대조 인체적용시험이 수행된 바 있다. 그 결과 면역 관련 지표인 NK-cell activity는 시험식품 섭취군이 플라세보군에 비해 유의적으로 증가하여 면역증강에 기여할 수 있음을 제시하였다. 또한 점막 면역에 주요 역할을 하는 항체 IgA 변화량은 시험식품 섭취군에서 유의하게 증가하여 면역증진에 유용성이 증명된 바 있다.

### ⑥ 헤모힘 및 당귀 혼합추출물

면역력 개선에 관한 관심으로 건강기능식품의 수요가 이어지고 있다. 현재 식약처에서 기능성을 인정받은 총 259개(2020년 12월 기준) 개별인정형원료 가운데 헤모힘 당귀 등 혼합추출물은 면역기능 관련 원료 중 가장 많은 생산량을 차지하고 있다. 헤모힘의 구성을 보면 당귀, 천궁 작약을 주원료로 하고 있으며 이는 전통 한약인 사물탕에서 숙지황을 뺀 조성이라고 말할 수 있다. 사물탕은 혈을 보하고 음을 충전하는 기본 한의학적 개념으로 전통적으로 써오던 약재로서 가공이 비교적 복잡한 숙지황을 빼고 3개 소재의 구성으로 헤모힘(혈을 보한다)이 시중에 소개되고 있다. 한약재HemoHIM의 면역 및 조혈 증진에 대한 인체적용시험에서 NK 세포 활성이 한약재를 섭취한 남성 그룹에서 증가하였으며, 면역 활성화 관여 사이토카인은 헤모힘 투여군에서 유의하게 증가하는 것을 확인하였다. 한편 헤모힘이 조혈 줄기세포의 보호 효능과 치사량 이하의 방사선에 대한 면역세포 회복에 미치는 영향이 연구되어 유익한 식품으로 제시된 바 있다. 헤모힘이 면역억제조건에서 동물시험을 수행결과 NK 세포의 활성과 식균작용이 헤모힘 그룹에서 증가함을 확인하였다(Kim, 2019).

### ⑦ 청국장균 배양정제물(폴리감마글루탐산칼륨)

폴리감마글루탐산(poly-γ-glutamic acid, γ-PGA)은 바실러스균이 생산하는 소재로 동물실험 및 인체적용시험에서 NK 세포를 활성화하여 면역력을 증대시키는 것으로 나타났다. 동물실험에서 아토피 활성을 보였고 항바이러스 활성이 있으며 폴리감마글루탐산은 면역 분야에서 유일한 1등급 품목이다.

### ⑧ 표고버섯균사체

표고버섯균사체는 주성분인 β-글루칸을 활성화하여 주로 간 건강에 도움을 줄 수 있음이 보고되었다. 또한 β-글루칸은 주로 버섯에 많이 함유된 성분으로 체내에서 면역기능을 담당하는 대식세포, NK 세포, 백혈구, T 세포, B 세포 작용을 활성화하고 면역 관련 물질인 인터페론 생성을 촉진하는 것 역시 보고되었다. 더불어 대식세포, NK 세포와 같은 면역세포를 활성화하여 항종양, 항암효과를 보임이 제시되었다.

### ⑨ 액상다래추출물

다래추출물을 매우 가렵고 만성적인 재발성 염증성 피부 병변을 주요 특징으로 하는 아토피성피부염에 다래추출물을 적용하여 기능성을 검증한 바 있다. 다래추출물은 임상 피부염 중증도, 표피 두께, 비만세포 침윤 및 탈과립, 혈청 IgE 및 IgG의 총 수준을 감소시켰으며 총 혈청 IgE 및 IgG 억제와 IL-4의 감소를 유도하였다(Kim,

2007). 다래추출물은 액상다래추출물과 달리 분말이나 제피정제로 실온에서 유통하는 반면 액상은 냉장 유통하는 차이가 있다.

### ⑩ 락토바실러스 람노서스(Lactobacillus rhamnosus)

프로바이오틱(probiotic)인 락토바실러스 람노서스는 T 세포의 Th2 반응을 억제하고 인터페론감마와 같은 Th1 사이토카인의 생성을 촉진하여, 인체적용시험을 통해서 면역과민에 의한 알러지 피부개선에 도움을 줄 수 있음을 검증받은 바 있다.

### ⑪ 락토바실러스 사케이(Lactobacillus sakei, 김치에서 추출한 유산균)

TGF-β1의 생산은 점막의 알레르기 염증을 복원하는 데 결정적이며 경구 면역관용을 촉진한다. 락토바실러스 사케이는 TGF-β를 증가시켜 소아에게 경구 면역관용을 유도하여 아토피 피부염 개선에 도움을 줄 수 있다.

### ⑫ 과채유래유산균(Lactobacillus plantarum)

과채유래유산균은 림프절에서 IL-2 및 IL-10와 같은 염증성 사이토카인의 생산을 감소시켜 아토피성 피부염을 억제하는 효과를 보인다고 알려져 있다.

### ⑬ 감마리놀렌산 함유 유지

달맞이꽃 종자, 보리지종자, 까막 까치밥 종자를 원재료로 하여 제조한 것으로 혈중콜레스테롤 수치를 감소시켜 혈행 개선에 도움을 준다고 알려져 있다.

### ⑭ 피엘에이지(PLAG, 1-palmitoyl-2-linoleoyl-3-acetyl-rac-glycerol)

PLAG는 자극 T 세포에서 IL-4, IL-6 및 IL-10의 분비를 감소시키고 간 조직으로의 호중구 이동을 억제한다. 이는 PLAG가 인터루킨 억제를 통해 면역 매개 간 손상 치료에 효과를 가질 수 있음을 말한다.

### ⑮ 락토바실러스 플란타럼 IM76과 비피도박테리움 롱검 IM55 복합물

NVP1703은 건강한 한국인의 장에서 분리한 비피도박테리움 롱검 IM55(Bifidobacterium longum IM55)와 김치에서 분리한 락토바실러스 플란타럼 IM76(Lactobacillus plantarum IM76)의 복합 프로바이오틱스로 코막힘, 눈물, 수면장애 개선과 혈액 및 소변의 바이오마커들을 조절하였다.

### ⑯ 쑥부쟁이

쑥부쟁이는 이른 봄, 자라는 국화과 다년생 야생초이다. 아토피 유발에 방지에 효과가 있으며 인체적용시험에서 알레르기 코 결막염으로 일상생활이 불편한 사람들에게 6주간 쑥부쟁이 추출물을 먹게 한 바 있다. 그리고 코 결막염 증상과 면역기능 변화를 조사하였는데 콧물과 코 가려움, 콧물 목 넘김 등의 증상이 유의하게 감소한 것으로 나타났다.

## 결론

지금까지 국내에서 허가되어 판매중인 면역조절 건강기능식품을 살펴보았다. 전체적으로 다양한 화학구조와 함께 면역증강뿐 아니라 면역과민반응 감소 활성을 가진 성분들도 다수 개발되어 수요자들에게 많은 도움이 될 것으로 판단된다. 다른 건강기능식품들과 마찬가지로 대부분의 면역조절 건강기능식품은 고시원료의 시험관, 동물실험 및 인체적용시험을 거쳐 시판되고 있다. 해마다 국내 건강기능식품 시장규모는 빠른 속도로 증가하고 있으며 홍삼을 제외하고도 면역 관련 제품의 점유율이 25%에 이른다. 최근 코로나19 유행을 계기로 그 수요는 더 증가할 전망이다. 따라서 급하게 제품출시에 집중하여 개발하기보다는 기전 중심, 정확한 섭취용량을 제시할 수 있는 과학적인 동물실험 및 인체적용시험을 수행하여 세계적으로 경쟁력 있는 건강기능식품을 제시할 필요가 있다고 본다. 또한 가급적 지표성분 외에도 유효성분에 기반한 규격화된 소재 개발이 수요자의 주체적인 판단하에 선택하는 건강기능식품의 신뢰도를 올리는 데 도움이 될 것이다.

# 11장

# 암 혈전에 의한 면역회피현상에 관한 한방요법

**김성훈**(경희대학교 한의과대학)

## 한의학과 면역

한의학에서의 질병관은 여러 가지 병인(바이러스, 세균) 등 사기邪氣에 의해 나타나는 병의 증상을 음양한열陰陽寒熱 등으로 구분하고, 오행(오장)과 관련된 과다나 부족으로 인한 음양 편차를 한약, 침, 뜸 등을 이용하여 정상의 범위로 조절하는 치료법을 택하고 있다. 이는 직접적으로 병원균을 치료하기보다는, 생명현상 중 발현되는 음양 편차 조절을 정상 범위Within Normal Limit, WNL로 조절함으로써 병원균이 증식하기 어려운 체내 생리면역환경으로 조절하는 방식이다.

한의학에서 면역免疫(역병 등을 면제해주는 것immunology)이라는 용어는 없었으나 가장 오래된 한의서인 『황제내경黃帝內經』에서 "正氣存內(정

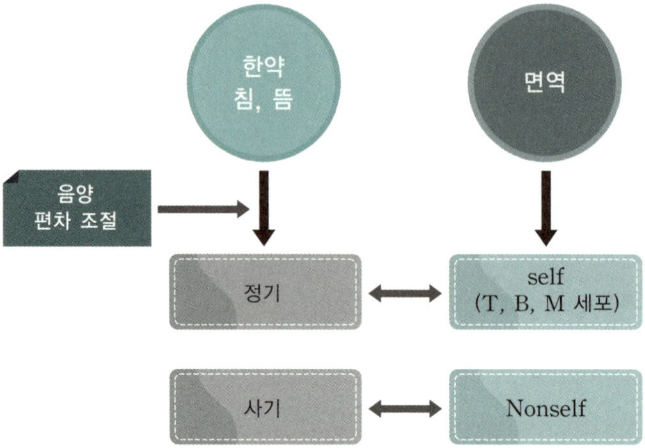


그림 11.1 한의학과 면역의 상관성

기존내) 邪不可干(사불가간)"이라 하여 "우리 몸 내에 정기(우리 몸에 좋은 정미로운 기氣)가 존재하면 나쁜 사기의 간섭이 불가하다."고 언급함으로써 체내저항력을 중시하는 병리관을 제시하고 있다. 여기서 좋은 정기란 현대의학에서 체내의 자기self면역세포들이 병균 등 비자기nonself를 제거하는 것과 유사점이 있다. 따라서 한의학에서는 체내저항력 관련 면역기능을 보강하여 병을 치료하는 부정거사扶正祛邪(정기를 도와 사기를 제거한다)의 치료법이 자주 활용되고 있다. 특히 한약은 『신농보초경神農本草經』에 처음 본초로서 등재된 이래 『본초강목』에서 집대성되었는데, 여기서 모든 한약은 한열온량寒熱溫涼의 기氣와 산고감신함酸苦甘辛鹹 등의 5미味 등을 가져, 인체 내 음양불균형은 적절한 한약 배합으로 평형을 조절하여 생명현상을 정상으로 유지하는 것으로 알려졌다. 이 한약은 수천 년 동안 인체에 응용되었지만, 과학적 근거가 부족하다는 약점을 가지고 있다. 따라서 최근에 한의학이 대체의학Complementary and Alternative Medicine, CAM의 한 분야로서 연구되어 근거중심의학Evidence Based Medicine, EBM으로 발전하려는 연구가 미국, 유럽을 중심으로 연구비 증가와 함께 비교적 활발히 진행되고 있다. 그러한 일환으로 한의학에서 어혈瘀血은 현대의학적으로 혈전과 유사한 것으로 실험적으로 인정되며, 암 혈전Cancer Associated Thrombosis 역시 어혈의 범주로 취급되고 있다.

## 면역회피현상의 주역, 어혈

정상적 면역은 체내의 면역세포들은 외부에서 들어오는 바이러스, 세균, 기타 이물질과 몸 안에서 생성되는 암세포와 투쟁을 벌이고 그 결과 발열, 통증 등 각종 증상을 발생시키기도 하지만, 끝내 이들을 제거함으로써 정상 생리와 생명현상을 유지할 수 있게 된다.

일반적으로 면역세포는 주로 T 세포, B 세포, 자연살해세포NK cell, 대식세포, 수지상세포dendritic cell 등이 존재한다. 이들은 혈액 중에서는 혈소판, 적혈구, 백혈구, 임파구 등과 사이좋게 지내며 자기로 인식하며 정상적인 생리현상을 유지하지만 암, 세균 등 나쁜 이물질은 비자기로 인식하고 공격하여 용해하는 정상면역반응을 유도하게 된다.

그런데 특이하게도 암세포는 혈소판이 암세포 주위에 부착adhesion하게 유도하는 물질tissue factor을 분비하면 암세포 주위에 혈소판이 부착하게 되는데 이를 암 혈전tumor cell induced platelet aggregation, TCIPA이라고 부른다. 이때 우리 면역세포는 혈소판에 둘러싸인 암세포를 알아채지 못

그림 11.2 면역회피현상에 대한 비유

하고 암세포를 작은 혈소판으로 인식하여 지나쳐서 정상면역반응으로 암세포를 공격하지 않게 된다. 비유하자면 하얀 백로 무리에 까만 까마귀가 나타나면 백로는 우리 편이 아님을 인지하고 부리로 공격하겠지만, 하얀 밀가루를 둘러쓴 까마귀는 백로 새끼로 오인하고 그냥 지나치는 것처럼 면역회피immune escape현상이 나타나게 된 것이다. 이러한 현상으로 인하여 암 혈전은 혈관의 내피벽을 쉽게 녹여 뚫고 들어가 전이를 촉진한다.

## 어혈에 의한 암 혈전형성 억제

한의학에서 어혈은 매우 중요한 병인으로 인식된다. 이는 단순한 타박상뿐 아니라, 혈액순환 정체로 인한 산소 공급이 원활하지 못한 정체 혈액까지 포괄하고 있다. 현대의학적으로 어혈은 혈소판응집으로 인한 혈전thrombosis과 유사한 것으로 인식되고 있는데 한의학에서는 "구병필어久病必瘀 괴병필어怪病必瘀"라하여 오래된 병이나 이상한 암 같은 병은 모두 어혈이 주된 병인이 된다고 인식하여, 청나라 때 왕청임의 의림개착醫林改錯에서 각종 어혈로 인한 다양한 병증에 대해 수종의 치료 처방을 수록하고 있다. 실제로 한의학에서는 암이라는 용어는 없지만, 허준의 『동의보감』의 옹저편癰疽編(염증을 의미)에서는 각종 염증과 적취積聚(암덩어리)를 옹저 종류로 분류하고 있다. 그중 가장 대표적인 처방이 선방활명음仙方活命飮인데 현대 약리학적으로 보면 항생제와 소염제 성분의 한약으로 구성될 듯하지만, 실제로는 적작약 조각자 몰약 등 어혈을 치료하는 한약이 일부 포함되어 있어, 한의계에서는 전이 예방을 위해서는 어혈을 제거하는 한약을 보조약으로 첨가하고 있다. 그 예로 밀화두 콩과 덩굴의 즙액이 마치 닭의 피와 같다고 하여 붙여진 한약명을 가진 계혈등鷄血藤, Spatholobus suberectus은 한약을 집대성한 책인 『본초강목』에서 어혈을 치료하여 근육통과 월경통을 치료하는 효과가 있는 것으로 알려져 있다. 최근 논문보고에 따르면 계혈등 추출물은 유방암세포의 암 혈전형성을 억제하여 암전이를 억제하는 효과가 있는 것으로 보고되었다.

## 면역관문단백질에 의한 면역회피현상을 조절하는 한약

일반적 정상면역반응은 CD4, CD8 등 T 세포들이 암세포, 염증세포 등 비자기nonself를 인지하여 공격하게 되는데, PD-1, PD-L1, CTLA 등의 면역관문Immune checkpoint 단백질들은 T 세포 활성과 분화를 억제하여,

FOXP3 Treg(regulatory T cell; 조절 T 세포) 등 다수의 면역억제 단백질을 활성화하여 면역회피현상이 유발된다. 이에 미국 텍사스대 MD앤더슨 암센터 제임스 앨리슨 교수와 일본 교토대 의대 혼조 다스쿠 교수가 면역관문단백질에 대한 항체치료제 개발을 통해 T 세포 활성화를 유도하는 면역항암치료법 개발에 기여하여 2018년 노벨생리학상을 공동 수상하였다. 그러나 최근 면역항암치료법이 부작용과 내성이 유발되어 문제점으로 대두되어 면역관문항체들 또는 천연물 유효성분의 병용치료 combination therapy가 관심을 끌고 있다. 흥미로운 점은 다수의 한약(인삼,

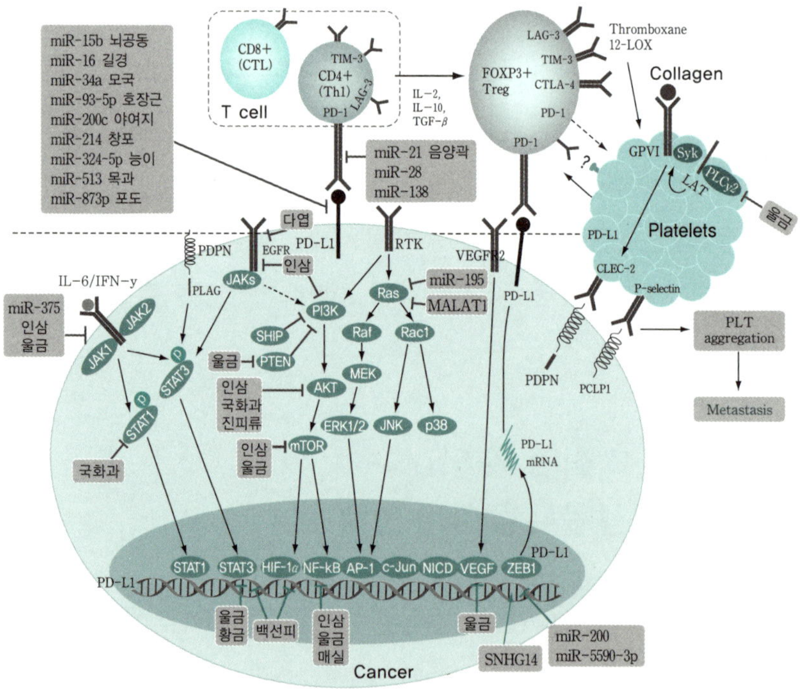


그림 11.3 다수 한약의 면역관문단백질 억제효과 기전

울금, 뇌공등, 길경, 매실 등)이 면역관문단백질을 조절하며 T 세포 활성을 촉진한다는 보고가 있었다는 점인데, 이를 바탕으로 심도 있는 기전 연구가 필요하다(그림 11.3).

## 면역조절 다당체가 함유된 베타글루칸

일반적으로 보약성 한약에 다수 함유된 다당체는 물에 잘 용해되는데, 그중 버섯의 내벽에 다량 포함된 베타글루칸β-glucan은 면역조절제로 알려져 있다. 버섯 중 영지靈芝, *Ganoderma lucidum*버섯은 불로초不老草라고도 불리며, 그 색에 따라 자지紫芝, 흑지黑芝, 청지青芝, 백지白芝, 황지黃芝로 나눌 수 있다. 영지버섯에는 19.39 g/100 g 가량의 다량 베타글루칸이 있어 항산화, 소염, 항암효과를 보이며, 특히 면역세포 중 NK 세포나 T

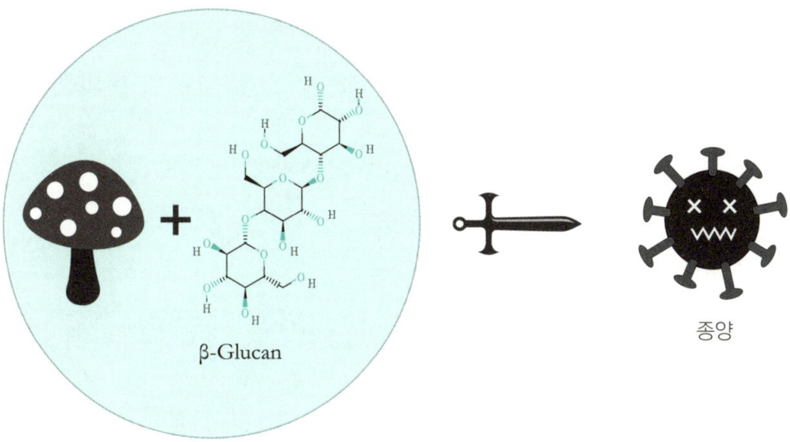


그림 11.4 영지버섯 β-glucan의 종양면역 효과

세포(CD3, CD4, CD8), 대식세포의 활성을 촉진하는 것으로 보고되었다. 다른 논문에서는 베타글루칸이 폐암을 이식한 생쥐에서 대식세포 type I(항암성)을 증가시키고, 대식세포 type II(전이성)을 억제하면서 항암성 면역조절효과를 보였다고 보고하였다. 또 다른 논문은 영지다당체와 골드나노입자 복합체가 수지상세포 활성을 통해 보조 T 세포(CD4)와 세포독성 T 세포(CD8)의 증식을 통하여 항암제 독소루비신Doxorubicin에 의한 체중감소를 억제하면서 전이를 억제하는 효과가 있다고 설명하였다. 더불어 면역조절 항암보조제로 활용될 수 있다고도 언급하면서 영지 등 약용버섯의 항암 면역 효과를 입증하고 있다. 또한 영지버섯 다당체Polysaccharide는 폐암, 유방암, 난소암 등에 유효하고, 아가리쿠스 버섯과 배합하여 투여하기도 하며, 현대의학의 화학요법이나 방사선요법의 보조제로서 활용 가능성이 제기되고 있다. 더욱이 최근 생쥐에 관한 X-ray 방사선 치료 시 혈소판과 백혈구 수가 감소함을 확인할 수 있었는데, 영지버섯을 동시에 투여한 군에서는 이런 부작용을 억제하는 효과를 보여 향후에 사람을 대상으로 하는 임상연구를 시행할 필요가 있어 보인다. 언급한 영지버섯의 효능과 이에 관한 연구 및 논문을 통한 논의들의 출처는 참고문헌을 참조하길 바란다.

## 결론

한의학에서는 어혈을 오래된 병이나 암 등 난치병의 원인으로 보고 있다. 이에 따라 피를 살리고 어혈을 제거하는 활혈거어법活血祛瘀法이 한방

임상에서 활용되고 있는데, 이 어혈은 현대의학에서 암 증식과 전이에 상관된 암 혈전Cance associated thrombosis, tumor cell induced platelet aggregation, TCIPA과 유사한 것으로 보고되고 있다. 기미론에 바탕을 둔 한약의 과학적 효능을 면역, 분자생물학 및 약리학적 연구를 통하여 보고된 다수의 논문은, 천연물 한약이 화학적 합성 제제에 비하여 상대적으로 부작용이 적으면서 면역조절을 통한 생명현상 유지에 활용할 수 있는 가능성을 제시하고 있다. 특히 계혈등, 울금, 영지버섯 등의 한의학적 효능을 실험적으로 입증하여 면역조절제로 활용하기 위해서는 그 유효성분의 약리역동학적 연구와 약물 대사의 안정성 연구와 더불어 보다 심도 있는 기전연구와 동물 및 사람을 대상으로 실용화 연구의 필요성이 제시된다.

# 2부

# 약과 면역

수많은 세균이나 바이러스와 함께 사는 우리는 이러한 외부 침입자 그리고 암세포 같은 몸 안에서의 나쁜 변화로부터 자신을 보호하기 위한 방어체계, 즉 면역계를 갖추고 있다. 특이성specificity, 기억력memory 그리고 적응성adaptiveness을 특징으로 하는 면역계는 필요에 따라 정확하게 조절되어야 우리 몸을 잘 보호할 수 있다. 최근 코로나19의 대유행으로 면역력 향상에 대한 국민 모두의 관심이 커지고 있다. 그러나 자신의 몸 속 정상적인 조직을 다른 사람의 것으로 잘못 인식하여 공격하는, 즉 면역계의 잘못된 과도한 활성화에 따른 자가면역질환(류마티스관절염, 염증성 장질환, 크론병 등)과 기능을 잃은 장기를 다른 사람의 장기로 대체하는 장기이식에 따라오는 면역반응(이식된 다른 사람의 장기는 외부 침입자로 간주되어 면역계 활성화가 일어남)은 적절하게 억제되어야 한다.

약은 우리 몸의 방어체제가 제대로 작동하지 못할 때 사용하는 지원군으로, 질병의 예방과 치료를 목표한 화학적 구조가 밝혀진 물질이다. 2부에서는 면역억제약과 면역증강제에 대하여 요약하고 약의 부작용 특히, 면역학적 부작용에 관하여 기술하였다. 또한 최신 항암 치료제에 대해 자세히 알아보았으며, 예방 백신뿐 아니라 면역조절 치료약으로 무궁무진하게 발전할 '바이러스만큼 작은 나노 크기'의 나노 의약 기술을 소개하였다.

12장

# 면역억제약

**장 준 · 하헌주**(이화여자대학교 약학대학)

## 면역을 억제하는 약도 필요한가?

면역억제약는 장기이식 거부반응의 예방, 자가면역질환 및 알레르기성 천식과 같은 비자가면역질환을 치료하기 위하여 우리 몸의 면역반응을 낮추고자 오랫동안 투여되는 약이다(그림 12.1).

이식을 받은 사람(수여자)의 면역세포들은 이식된 다른 사람(공여자)의 장기를 세균이나 바이러스의 항원처럼 인지하여 공격하는데, 이것이 장기이식 거부반응이다. 거부반응이 계속되면 결국 이식한 장기가 파괴되고 그 기능을 제대로 할 수 없게 되므로, 면역억제약을 사용하여 인위적으로 수여자의 면역기능을 떨어뜨려 거부반응을 예방하고 치료한다. 즉 면역억제약의 적절한 사용은 장기이식 후 장기 생존율을 높이고, 이

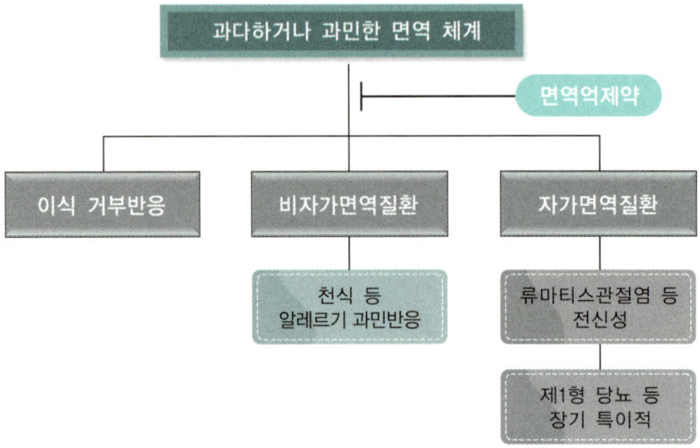


그림 12.1 면역억제약의 필요성

식의 전반적인 성공률 향상에 크게 기여한다. 그러나 이 약은 수여자의 면역을 떨어뜨리기 때문에, 세균이나 바이러스 감염의 위험이 필연적으로 증가하고 암발생 증가 등 합병증을 유발하는 양날의 검이다.

4장에서 소개하였듯이, 자가면역질환의 원인은 아직 분명하게 밝혀지지 않았다. 따라서 지금까지는 원인을 겨냥한 치료는 어려워 조직의 손상과 증상을 낮추는 것을 목표로 치료를 하였다. 그러나 현재는 자가면역질환들의 공통적인 병태생리뿐 아니라 각 질환별 특성이 밝혀지고 있어, 이제는 질환별 특징적인 원인을 겨냥하는 신약 개발이 진행되고 있다. 즉 통증과 염증을 줄여 증상을 최소화하기 위하여 소염진통약이나 스테로이드제제, 면역억제약을 사용하고 핵심 병인으로 밝혀진 특정 사이토카인이나 신호전달계를 겨냥한 저분자 화합물 또는 항체약 등 생물학적제제를 개발하고 있는 것이다. 어떤 면역억제약도 모든 항원에 대하여 동일한 억제효과를 주지는 못한다.

## 면역억제약은 어떻게 시작되어 발전되고 있나?

면역억제약의 개발과 사용 이력을 보면 시간이 흐를수록 선택성이 높아지고 있음을 알 수 있다(그림 12.2). 예를 들면 1세대 면역억제약들은 할아버지 세대에서 사용하던 야간 공중폭격 방식과 같이 정확도가 떨어졌지만, 아버지 세대에는 노던 조준경을 이용하여 주간에 정밀폭격을 하게 되었고, 손자 세대에서는 탄도미사일을 개발하여 선택한 목표지역만 공격할 수 있게 된 셈이다. 이제 더 나아가 손자와 결혼하여 새 식구가 된 며느리는 정밀유도 기능을 갖춘 항체 미사일로 목표 지점만 정확하게 타격할 수 있게 된 것이다.

선택성이 높은 면역억제약의 대부분은 T 세포를 목표로 하고 있는데 그 이유는 다음과 같다. 우리 몸에 병원체가 침입하거나 손상이 일어난 경우, 최전방에 있는 선천 면역에 경보가 울리고 방어를 위한 염증반응

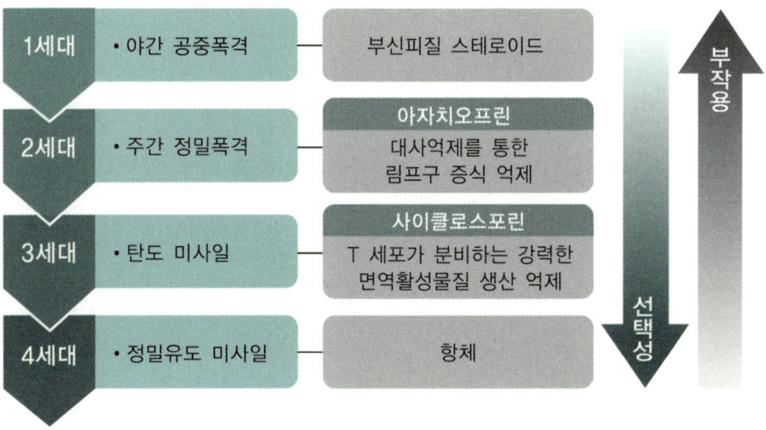


그림 12.2 면역억제약의 발달 과정

이 시작된다. 이 과정에서 메시지를 전달하는 전령사로서 명령을 받은 항원제시세포와 사이토카인들에 의하여 후방에 주둔하던 적응면역이 적들의 침입을 알고 진영을 갖춰 주력부대로서 대응하게 되는데, 여기에서 T 세포들이 총사령관 역할을 하게 된다. 따라서 T 세포를 선택적으로 잘 억제하게 되면 전체적인 면역반응을 제어할 수 있게 되는 것이다.

면역억제약의 발달을 연대별로 살펴보면, 1900년 초 프랑스의 알렉시스 카렐이 개를 이용한 동물실험을 하여 콩팥을 체내 다른 위치에 이식한 것이 장기이식의 효시이다. 카렐은 혈관 봉합술과 장기이식에 관한 연구로 공로를 인정받아 1912년에 노벨 생리의학상을 받았다. 사람 사이의 장기이식에 세계최초로 성공한 사례는 1954년, 미국에서 실행된 일란성 쌍둥이 사이의 생체 콩팥 이식이다. 그 당시에는 면역을 억제할 방법이 없었기 때문에 면역반응을 회피할 수 있는 쌍둥이 사이의 이식을 시도한 것이다. 우리나라에서는 1969년에 어머니의 콩팥을 아들에게 성공적으로 이식하였고, 현재는 이 기술이 전국에 퍼져 보편화되었다. 자가면역질환은 1957년에 언급되기 시작하여 1994년에 정의 기준이 설정되었다. 그러면 면역억제약 개발은 어떠하였을까(그림 12.3)?

1949년에 미국의 필립 헨치는 우리 몸 안의 스테로이드 호르몬인 코르티손cortisone의 항염증 작용을 발견하여 류마티스관절염 치료에 활용하였고 1950년, 다른 두 학자와 함께 노벨 생리의학상을 받았다. 이후 코르티손은 상업적으로 합성이 가능하여졌고, 다양한 질환에서 항염증 효과와 이식한 장기의 생존을 도와준다는 것이 발견되면서 치료에 이용된 제1세대 면역억제약이다. 스테로이드 사용은 현재에도 이식 후 표준 치료법의 한 축이지만 점차 스테로이드를 줄이고 나아가 끊는 전략으로

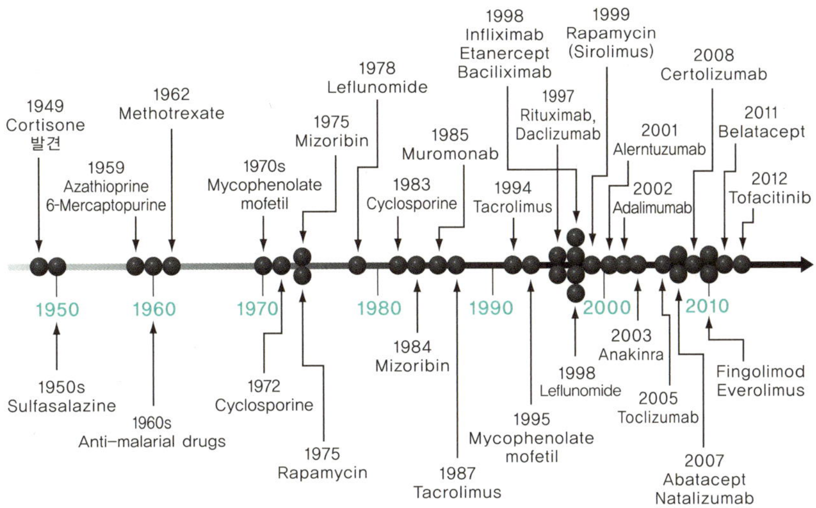


그림 12.3 면역억제약의 개발 연표

이식 치료법은 발전하고 있다. 스테로이드는 초기에 제한 없이 사용되곤 하여 많은 환자가 부작용으로 고통받았다.

제2세대 면역억제약은 아자치오프린azathioprin으로 6-메르캅토푸린6-mercaptoprin의 전구물질로서 림프구의 DNA · RNA 합성을 방해하고 대사를 억제하여 림프구의 증식과 활성화를 차단한다. 항암제인 6-메르캅토푸린이 항체작용을 억제함이 1959년에 발견되였고, 콩팥 이식 동물실험을 통하여 6-메르캅토푸린의 면역억제효과가 확인되었으며, 아자치오프린의 면역억제효과가 더 우수하고 경구투여가 가능하다는 점이 발견되었다. 6-메르캅토푸린을 합성한 조지 히칭스와 거트루드 엘리언은 퓨린합성 경로를 통한 면역조절을 밝힌 업적으로 1988년에 노벨 생리의학상을 받았다.

다클론항체인 항흉선세포글로블린antithymocyte globulin, ATG과 항림프구글로블린antilymphocyte globulin, ALG이 면역억제약으로 추가되었지만, 개발 초기에는 각 연구실에서 제조되어 표준 품질관리가 어려웠고 효과의 변동성이 컸으며 동물성 단백질에 대한 반응으로 심각한 아낙필락시스 반응과 발진 등이 나타났다.

제3세대 면역억제약은 1983년에 허가를 받은 싸이클로스포린cyclosporine으로, 이 약을 사용하면서 이식된 장기의 1년 생존율이 50%에서 80% 이상으로 상승하는 등 장기이식에 혁명적인 변화를 불러왔다. 일련의 여러 연구를 통하여 싸이클로스포린이 T 세포의 활성화에 중요한 칼시뉴린calcinurin을 억제하여 강력한 면역 활성 물질인 IL-2 생산을 억제함으로써 면역억제 작용을 함이 밝혀졌고, 현재는 칼시뉴린억제약으로 분류되고 있다.

1990년 이후에는 이전의 약들보다 더욱 철저한 검증을 받으면서 타크로리무스tacrolimus(개발 당시 이름은 FK506), 마이코페놀레이트mycophenolate mofetil, 레풀루노마이드leflunomide, 라파마이신rapamycin 등이 순차적으로 허가를 받았다. 타크로리무스는 사이클로스포린과 같은 칼시뉴린 억제약으로 IL-2 생산과 림프구 증식을 억제하고 콩팥 독성을 포함한 부작용을 여전히 가지고 있다. 마이코페놀린산은 1896년에 발견되었으나 잊혀져 있다가 1960년대에 암세포 성장 억제력이 관찰되고, 1982년부터 그 전구물질인 마이코페놀레이트가 면역억제약으로 개발되기 시작하여 1995년에 허가를 받았다. 마이코페놀레이트는 제2세대 면역억제약인 아자치오프린처럼 퓨린 생합성 경로를 억제하는 대사억제제로, 현재 아자치오프린을 대체하여 칼시뉴린억제약이나 스테로이드와 함께 투여하는 방법으로 사용된다. 라파마이신은 FK506과 구조는 비슷하나 칼시뉴린을 억제하지는 않는다. 한편 레풀루노마이드는 피리미딘 생합성 경로를 억제하는 대사억제제로 1998년에 류마티스관절염 치료약으로 승인 받았다.

사람에게 사용한 면역억제 단클론 항체약 1호는 사람의 CD3에 특이성을 지닌 뮤로모납muromonab으로 쥐에서 생산한 항체약이다. 1985년에 허가를 받았으나 동물단백질에 대한 체내반응 등 부작용은 여전하였다. 급격하게 발전한 유전공학 기술 덕분에 동물성 단백질에 의한 부작용을 극복한 인간형 항체약인 다클리주맙daclizumab과 바시리시맙basiliximab이 각각 1997년과 1998년에 IL-2 수용체(CD25) 표적 항체약으로 허가를 받았다. 같은 해에 B 세포를 겨냥한 리톡시맙rituximab, 종양괴사인자(TNFα) 억제약인 인플리시맙infliximab과 에타너셉트etanercept도 허가를 받았다. 2000년대에는 CD52 표적 항체약인 알렘투주맙alemtuzumab, TNFα에 대한 완전한 인간항체약인 아달리무맙adalimumab이 허가를 받았고, 토클리주맙toclizumab, 아바타셉트abatacept, 나탈리주맙natalizumab, 세르톨리주맙certolizumab 등 바이오신약들이 허가를 받았다. IL-1 경쟁적 길항약인 아나킨라anakinra도 이때 허가받았으나 다른 생물학적제제와 비교하여 효과가 떨어져서 현재는 거의 사용되지 않는다. 이후 바이오신약의 고비용과 일부 환자에서 저항성 등이 보고되면서, 경구투여가 가능하다는 장점과 저비용의 저분자 화합물 신약 개발이 진행되었고, 스핑고신-1-포스페이트(S1P) 수용체 조절약인 핀골리모드fingolimod(FTY720)가 2010년, 면역세포의 신호전달체계로 작용하는 JAK janus kinase 억제약인 토파시티닙tofacitinib이 2012년에 자가면역질환 치료제 신약으로 허가를 받았다. 핀골리모드는 S1P 수용체에 결합함으로써 말초혈액 중 림프구 수를 감소시키고 염증 부위로의 림프구 침윤을 억제함으로써 자가면역성 T 세포 반응을 억제한다.

## 면역억제약에는 어떤 약들이 있나?

일반적으로 약은 그 작용기전에 따라 분류할 수 있다. 앞에서 개발연도별로 살펴본 면역억제약을 작용기전에 따라 분류하면 그림 12.4와 같이 나타낼 수 있다. 특히 T 세포 활성화에 관여하는 다양한 기전 억제를 기

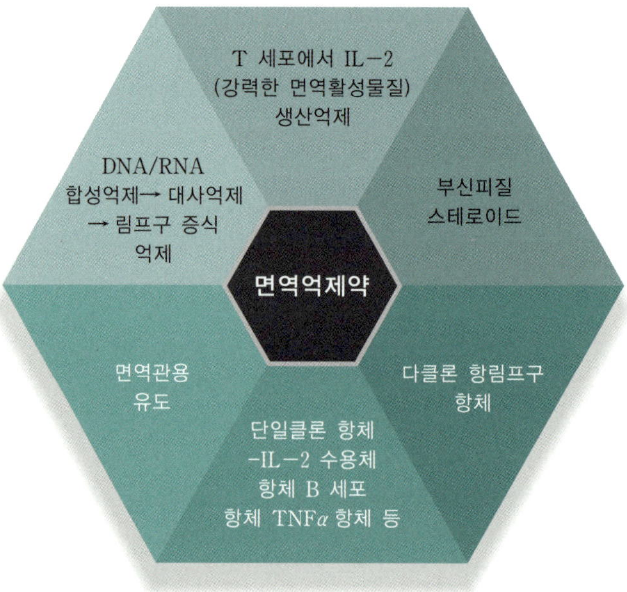


그림 12.4 작용기전에 따른 면역억제약 분류

준으로 분류하면 첫째로 칼시뉴린 억제약, 둘째로 T 세포의 완전한 활성화에 필요한 CD 28과 항원제시세포의 CD80 · CD86과 결합을 억제하는 T 세포 2차신호 억제약, 즉 아바타셉트와 셋째로 IL-2 수용체 억제약, 넷째로 mTOR 억제약, 다섯째로 T 세포 용해 항체, ATG 그리고 여섯째로 퓨린생합성 억제에 의한 증식억제약 등이 있다(그림 12.5 참조).

또한 면역관용을 유도하는 것이 면역억제의 한 전략이 될 수 있다. 골수유래 면역억제 세포MDSC는 면역억제기능을 지닌 골수유래 미성숙세포의 집합체로서, 면역항암제 발전과 함께 MDSC를 억제하여 암을 치료하고자 하는 노력이 활발하다. 다른 한편으로 생각하면 자가면역질환이나 장기이식에서는 MDSC가 본연의 기능을 잃음으로써 면역반응이 과도

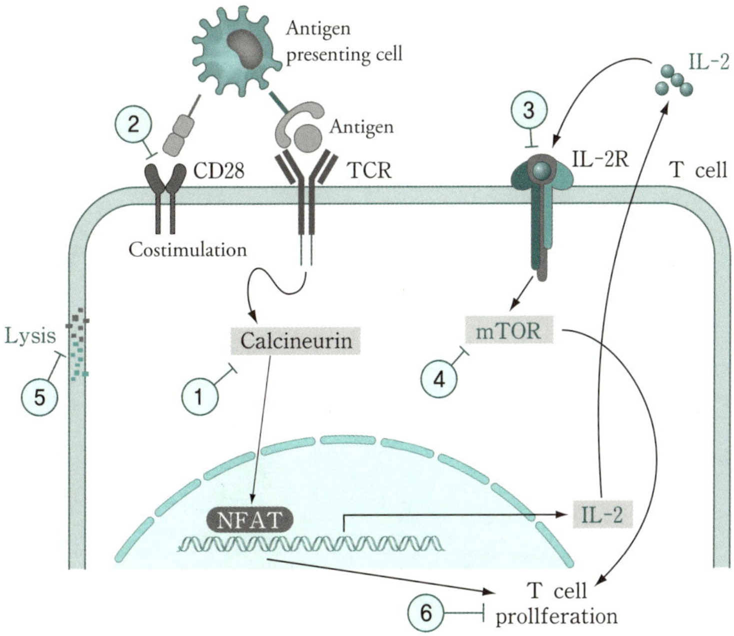


그림 12.5 각 면역억제약에 의한 T 세포 활성화 억제 부위

하게 진행되기 때문에, MDSC를 활성화하면 면역억제가 가능할 것이다.

## 면역억제약은 안전한가?

거부반응은 장기이식 후 어느 때라도 일어날 수 있어서 면역억제약을 평생 동안 복용하여야 한다. 따라서 약에 의한 부작용이 종종 문제가 되곤 한다. 약의 용량이 부족하면 면역반응이 일어나서 이식받은 장기를 잃게 되지만, 면역억제약의 과도한 작용은 감염의 위험을 증가시키고 암의 발생과 진행을 유발한다(그림 12.6). 각각의 면역억제약은 이러한 일반적인 부작용 이외에 약물 특이적인 부작용도 유발한다.

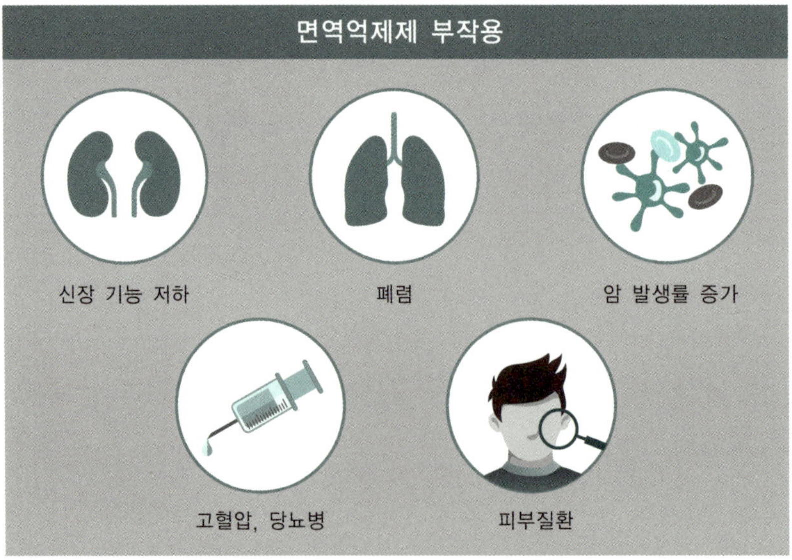


그림 12.6 면역억제약의 일반적 부작용

그리고 약과 다른 약 또는 약과 음식과의 상호작용도 약의 부작용 발생에 중요하다. 예를 들어 자몽주스는 약의 대사를 억제한다고 밝혀진 대표적인 음식인데, 자몽주스는 사이클로스포린, 타크로리무스, 라파마이신 등 면역억제약의 대사를 억제하므로 이들 약물의 혈중농도가 높아져서 약물에 의한 부작용을 크게 한다. 유전적인 요인도 면역억제약의 부작용에 영향을 준다(14장 참조).

## 정리

코르티손 발견 이후 반세기가 넘는 동안 면역에 관한 이해가 높아지면서 새로운 기전의 면역억제약이 개발되었다. 면역억제약 개발로 장기이식에 장애가 되는 면역학적 장벽을 극복할 수 있게 되었는데, 이제는 우리나라에서도 이식에 대한 두려움이 아니라 부족한 장기 때문에 이식을 받지 못하는 곤란을 겪게된 것이다. 면역억제약의 개발과 더불어 자가면역질환의 진행도 어느 정도 조절할 수 있게 되었는데, 과학과 기술의 발전과 함께 '더욱 부작용이 적고 효과가 우수한' 새로운 면역억제약이 앞으로 개발되리라 기대된다. 신약은 환자의 위험을 최소화하기 위하여, 많은 시간과 비용이 소요되는 검증 이후에야 환자에게 제공되어야 한다. 따라서 관련된 분야의 연구자들이 선하고 적극적인 의견교환을 하는 것은 물론 경쟁과 함께 연구에 매진하는 연구자들에 대한 충분하고 지속적인 지원이 이어져야만 한다.

13장

# 면역증강제

남수민 · 문애리(덕성여자대학교 약학대학)

## 배경

신종플루, 코로나19와 같이 대규모의 전염성 질병이 범유행pandemic하여 백신에 관한 관심이 높아졌다. 백신에 있어서 중요한 부분은 안전성safety, 내약성tolerability, 효능efficacy이 확보되는 것이다. 안전성은 면역력이 약한 어린아이부터 노인까지의 접종에서도 큰 부작용 없이 안전해야 함을 말하고, 내약성은 백신 접종 시 부작용이나 주사 부위의 이물감 등의 불편함을 견딜 수 있는 정도를 말한다. 백신은 일반적으로 백신 항원vaccine antigen과 면역증강제vaccine adjuvant로 구성되어 있다.

## 면역증강제의 정의

면역증강제는 백신 항원과 함께 사용할 때 면역반응을 가속화, 연장, 향상시키는 역할을 하는 모든 물질이다. 1920년대에 가스통 라몬이라는 수의학자에 의해 라틴어 'adjurer'에서 파생된 'adjuvant'라는 용어가 처음 사용되었다. 면역증강제는 백신 항원과 같이 섞여 있는 약물의 제형 형태일 수도 있고, 백신 항원을 표적 세포로 전달하는 운반체가 될 수도 있다. 백신 항원을 단독으로 이용할 경우, 백신 항원을 높은 순도purity로 추출하여 생산성yield을 높이기 위해서는 상당한 비용이 든다. 게다가 추출된 백신 항원은 단독으로 사용할 경우 약한 항체반응을 일으킬 수 있고, 백신 항원이 주사 부위로부터 이동하면서 백신이 작용해야 할 조직까지의 전달이 원활하게 되지 않을 수 있다. 이때 면역증강제는 백신 항원을 보호하여 표적 세포까지 잘 전달이 되게 하고, 부분적으로 면역시스템을 자극하여 백신 항원의 효과를 증가시킨다.

## 면역증강제의 개요

면역증강제의 필수 요건은 백신의 투여량을 낮추고, 효능이 낮은 백신의 효과를 증가시키는 것이다. 또한 백신의 부작용을 최소화하여 표적 조직에 무사히 전달하는 것으로, 보다 효과적으로 면역시스템이 진행될 수 있도록 함에 있다. 초기의 면역증강제 개발은 면역 효과를 증가할 수 있는 직접적인 물질을 찾는 방향으로 진행되었다. 하지만 면역증강제의 초기 물질인 알루미늄 염은 강력한 체액성 면역을 유도하지만, 세포성 면역에는 효과가 없는 등 백신의 적용 범위를 확대하는 데 큰 효과가 없었다. 따라서 효과적인 백신 개발을 위해 항원 전달 시스템 연구, 면역증강제의 구조 및 활성 관계 연구들을 통하여 좀 더 포괄적인 면역증강제를 발굴하는 방향으로 초점을 맞추고 있다.

백신 항원과 면역증강제를 단순히 혼합하면 체내에 들어갈 경우에 빠르게 흡수는 되지만 빠르게 분해되어 버린다. 또한 치료가 필요한 표적 세포로 들어가는 백신의 양이 감소하여 면역 효과가 떨어질 수 있다. 흡수되는 면역증강제 제형과 전달 시스템을 적절히 이용하여야 보다 정확하고 강력한 백신을 만들 수 있다.

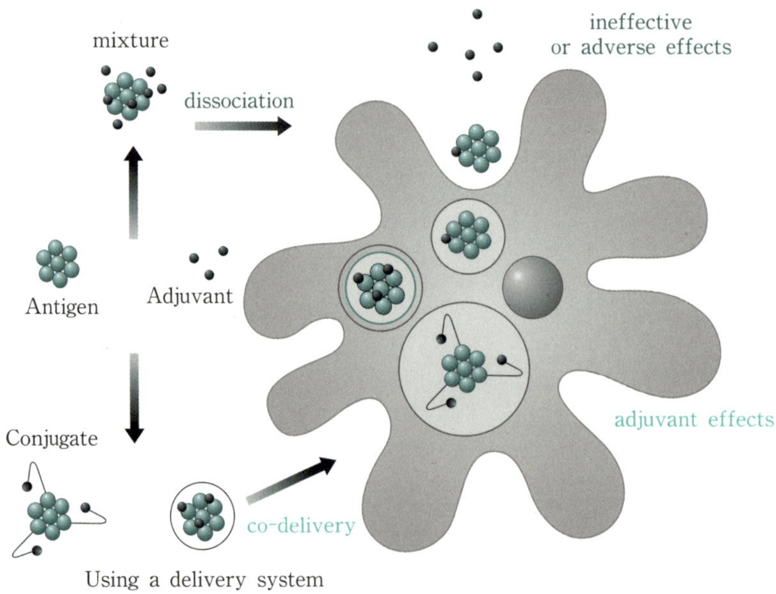


그림 13.1 항원과 보조제 사이의 다른 상호작용이 다른 효과를 유발

## 면역증강제의 종류와 작용기전

면역증강제는 증강제를 이루는 구성과 구성요소, 작용기전에 따라 분류되는데, 크게 비 면역 자극 성분으로 구성된 미립자 형태의 제형particulate formulation, PF과 면역조절 분자immunomodulatory molecule, IM 두 가지로 나눌 수 있다. PF는 면역시스템에 더욱 효과적으로 항원을 전달할 수 있으며, IM은 Toll 유사 수용체Toll-like receptor와 같은 패턴 인식 수용체pattern recognition receptor를 통하여 직접적으로 면역시스템을 유도한다. PF만으로는 백신 항원 보호에 부족하고, IM는 작용기간이 길지 않은 단점이 있는데, 두 유형을 복합적combination, C으로 사용함으로써 각 유형

표 13.1 임상적으로 사용되고 시험된 보조제 등급

| 분류 | 면역증강제 이름 | 예 |
|---|---|---|
| PF (particulate formulation) | 알루미늄 염 | 수산화 알루미늄, 인산 알루미늄 |
| | 에멀전 | MF59, AS03, AF03, SE |
| | 바이로좀 | |
| IM (immunomodulatory molecule) | 지질 A 유사체 | MPL, RC529, GLA, E6020 |
| | CpG ODN | |
| | 이미다조퀴놀린 | Imiquimod, R848 |
| | 사포닌 | QS21 |
| C (combination) | AS01 | MPL, QS21, 리포솜 |
| | AS02 | MPL, QS21, 에멀전 |
| | AS04 | MPL, 알루미늄 염 |
| | AS15 | MPL, QS21, CpG, 리포솜 |
| | GLA-SE | GLA, 에멀전 |
| | IC31 | CpG, 양이온성 펩타이드 |
| | 면역자극복합체 | 사포닌, 인지질 |

의 단점을 보완하는 연구가 활발하게 진행되고 있다.

## 알루미늄 염

면역증강제 중에서 가장 많이 쓰이고 있는 알루미늄 염은 1920년에 처음으로 발견되었다. 그러나 빈번한 이용률에 반해 작용기전은 최근에서야 밝혀지고 있는데, 알루미늄 염은 저장고 작용depot effect을 나타내는 대표적인 면역증강제이다. 백신 항원에 달라붙어 주사 부위에서 항원이 천천히 방출되어 면역세포들을 보다 오래 자극하여 면역 효과를 증가시킨다. 또한 알루미늄 염은 수지상세포dendritic cell의 세포막 지질에 결합하여 막의 구조를 변화시킴으로써 수지상세포의 항원 섭취를 도와준다. 하지만 알루미늄 염은 체액성 면역에만 효과가 있고 세포성 면역에는 효과가 미미하다. 이를 보완하기 위해 다른 면역증강제와 함께 사용하기도 한다. 유두종 바이러스HPV, B형 간염 바이러스HBV 백신의 경우, 수산화 알루미늄과 살모넬라의 LPSlipopolysaccharide 성분인 monophosphoryl lipid A(MPLA)를 함께 사용한다.

## 바이로좀

바이로좀virosome은 바이러스의 외피 성분인 당단백질로 덮인 리포솜liposome으로, 백신 항원을 전달하는 운반체로 사용된다. 세포막은 인지질 이중층 구조로 이루어져 있고, 세포막 안팎으로 다양한 당단백질, 막관통 단백질, 세포막 단백질, 콜레스테롤 등과 함께 세포막을 이룬다. 세포 간엔 신호전달 단백질이 소낭을 이루며 상호작용하게 되는데, 이때 당단백질을 이용하여 상호인식을 한다. 바이로좀은 세포막 성분인 인지질로 구성되어 있어 표적 세포와 상호작용이 잘 일어날 수 있고, 다양한 유형의 당단백질을 이용하여 표적 세포의 특이성을 높여 효과적인 백신 운반체 역할을 할 수 있다. 바이로좀은 면역증강제로서 세포성 및 체액성 면역반응을 증가시키고, 또한 크기가 작아 더욱 정밀한 효과를 기대할 수 있다. 바이로좀은 HIV, 인플루엔자, 결핵 백신과 함께 연구되고 있다.

## 에멀전

에멀전은 크게 O/Woil-in-water와 W/Owater-in-oil로 나뉜다. O/W 에멀전은 W/O 에멀전보다 비교적 안전하다. O/W은 수용성이라 몸으로 쉽게 흡수되기 때문이다. 보통 에멀전은 식물성 오일, 동물성 오일(스쿠알렌, 스쿠알란 등)로 구성되어 있어 생체 분해성, 생체 적합성인 특징을 가지고 있다. O/W 에멀전은 항체 매개 반응인 체액성 면역반응을 강하고 빠르게 유도할 수 있어, 어린이나 노인 등의 면역 취약한 계층에도 효과가 있는 것으로 나타났다. 대표적으로 스테롤 합성 전구체인 스쿠알렌으로 이루어진 MF59가 있다. MF59는 인플루엔자 백신에 처음으로 쓰였으며 CD4+ T 세포, B 세포에 영향을 주어 면역반응을 유도한다. W/O 에멀전은 백신 항원이 오일에 감싸진 형태로 있는데, 주사 부위에 머무르는 경향이 있어서 주사 부위에 통증을 일으키기도 한다. 하지만 백신 항원을 천천히 방출하기 때문에 높은 면역 효과를 나타낸다. W/O 에멀전은 흑색종과 같은 특정 암 치료를 위하여 임상 단계에 있으며 현재 제한적으로 사용되고 있다.

## MPL

MPLMonophosphoryl lipid A은 살모넬라의 지질 성분인 LPSLipopolysaccharide의 해독된 형태로 LPS보다 발열이 적고 독성효과가 없어 여러 백신에 사용되었다. MPL은 TLR4와의 상호작용을 통해 항원제시세포를 활성화하여 인터루킨-12, TNF-α와 같은 면역조절 사이토카인을 유도한다. 그리고 보조 T 림프구가 자극되어 세포성 면역반응을 유도한다. MPL과 QS21이 리포솜의 형태로 이루어진 AS01Adjuvant system은 용혈 현상을 일으키는 QS21의 위험성을 낮추고, 리포솜이 인지질 이중층의 구조로 백신 항원을 보호하고 항원제시세포에 전달하여 면역반응을 유도한다. AS02는 리포솜이 아닌 스쿠알렌 에멀전의 형태로 체액성 면역반응과 T 림프구 매개 반응을 유도한다. AS04는 MPL이 알루미늄 염에 물리적으로 연결된 형태이다. MPL은 TLR4 리간드 중에서 가장 안정적이고 높은 효능을 가지고 있으므로, 작용 메커니즘을 이해하여 향후 다양한 제형과의 연구를 통해서 좋은 면역증강제의 재료가 될 수 있다.

## CpG ODN

CpG ODNCpG oligodeoxynucleotides은 짧은 DNA 분자로 메틸화되지 않은 CG 서열을 가지고 있다. 이 성분은 TLR9에 결합하여 선천 면역반응을 일으키고, 림프구와 수지상세포를 활성화한다. 이에 따라 인터페론-γ와 인터루킨-6과 같은 사이토카인cytokine을 분비하여 후천 면역반응을 유도한다. CpG ODN은 내부 소낭endosome을 이루며 흡수되는데, 이때 TLR9을 통하여 인식되어 NF-κB 경로와 AP-1activating protein 1와 같은 전사인자를 통하여 B 세포뿐만 아니라 보조 T 세포, NK 세포, CD8+ T 세포, 대식세포를 직접적으로 활성화한다. 또한 활성화된 면역세포들에 의하여 항체 생성이 증가하고 면역 효과가 증가한다. 현재는 탄저균 백신과 함께 연구되어 임상 단계에 있으며, T 림프구의 확산 반응을 이용한 HIV 백신과 항암제 개발에 활발하게 연구 중이다.

## 사포닌

사포닌saponin은 식물 비누풀saponaria에서 발견한 성분으로 수용성과 지용성을 둘 다 띠고 있어 수용성 용매나 지용성 용매에도 잘 녹는 양친매성의 성질을 가진 물질이다. 이 성질은 콜레스테롤이나 세포막 성분인 인지질과 상호작용을 할 수 있어 면역증강제로 사용하기 좋은 물질이다. 사포닌은 항원제시세포APC와 T 림프구의 상호작용에 관여하여 주로 암 백신에 사용되고 있다. 대표적으로 QS21이 있으며, 분자 수준의 작용기전은 아직 밝혀지지 않았다. QS21은 선천 면역반응인 염증반응 관련 사이토카인을 유도하고 보조 T 림프구를 도와 면역반응을 증가시킨다. QS21은 최근 알루미늄 염이나 에멀전, 면역 자극 복합체ISCOMs와 함께 쓰이며 면역 효과를 더 높였지만, 세포가 터지는 현상인 용혈 현상을 일으키며 독성의 위험 신호를 유도하여 아직 널리 사용하지 못하고 있다. 현재 인플루엔자, 말라리아, B형 간염 바이러스, HIV, 흑색종 백신에 연구되고 있다. 면역 자극 복합체Immune stimulating complexes, ISCOMs는 사포닌에 콜레스테롤, 인지질이 섞여 이루는 복합체이다. 이는 콜레스테롤과 사포닌의 강한 친화력으로 분해되기 쉬운 사포닌 분자에 안정성을 더하여 복합체는 매우 안정적인 형태이다. ISCOMs는 다양하고 효과적인 항원제시 시스템을 유도하여 체액성 면역반응뿐만 아니라 염증반응 관련 사이토카인의 분비를 증가시키고 보조 T 림프구 반응을 촉진하여 면역반응을 증가시킨다. 사포닌과 함께 효율적인 흡수가 가능하여 점막, 경구용 백신이 연구되고 있다.

## 향후 연구 방향

백신은 전염병 예방과 치료에 중요한 역할을 하는데, 면역증강제는 백신의 중요한 요소이다. 그럼에도 면역증강제는 아직 작용기전이 밝혀지지 않은 부분이 많고, 같은 항원임에도 제형에 따라서 면역 효과가 달라 앞으로 많은 연구가 필요하다. 면역증강제를 이용하여 항체 생산 속도를 증가시키고, 항원을 보호하며 부작용을 줄이는 등의 다양한 면역 효과를 기대할 수 있다. 그리고 더 나아가 면역증강제는 암 치료에도 적용될 수 있을 것이다. 대부분의 종양 특이적 항원은 비정상적으로 발현되는 자가항원이기 때문에 면역 효과가 약하고, 종양세포의 면역억제성 미세환경 때문에 항원만으로는 치료가 어렵다. 여러 면역증강제의 조합으로 안전성을 높이고, 조금 더 세세한 전달 시스템 연구를 통하여 백신의 효과를 더욱 높일 수 있을 것이다. 하지만 복잡한 전달 시스템과 여러 면역증강제의 조합은 그만큼 위험성을 증가시킬 수 있으므로 신중한 연구가 이루어져야 할 것이다.

14장

# 약물의 면역부작용

이민구(연세대학교 의과대학 약리학교실)

## 약물의 면역부작용이란?

일반적으로 약물부작용이란 의약품 복용 후 발생하는 모든 의도되지 않은 반응을 말하며, 학술용어로는 약물이상반응 혹은 약물유해반응이라고 한다. 약물부작용은 미국 통계에 의하면 전체 사망률의 3~6%를 차지하며, 4~6번째 사망원인으로 추정되고 있다. 약물부작용은 여러 원인에 의하여 발생할 수 있으며, 크게 A형 부작용과 B형 부작용으로 구분한다. A형 부작용은 약물의 고유작용과 관련 있는 부작용으로, 예를 들어 항고혈압제제의 과도한 작용으로 저혈압이 발생하거나 면역억제제의 과한 작용으로 심한 백혈구감소증 발생하는 것이 이에 해당한다. B형 부작용은 약물의 고유작용과 관계없이 일반적으로 예측할 수 없는 부작용으로 전체 부작용의 20% 정도에 해당하며, 면역부작용은 주로 B형 부작용에 해당한다. 최근에는 유전학적 지식, 특히 약물유전체학의 발전으로 면역부작용을 일부 예측하는 것이 가능해졌는데 이번 장에서는 이에 관하여도 소개하고자 한다.

## 약물의 면역부작용에는 어떤 종류가 있는가?

일반인에게 가장 잘 알려진 면역부작용은 아나필락시스로 소위 '페니실린쇼크'가 이에 해당한다. 아나필락시스는 이뮤노글로블린EIgE 및 비만세포mast cell(혈액세포의 일종)에 의하여 제1형 알레르기 과민증이 급속히 신체에서 발생하는 것을 의미하며 심혈관계 허탈, 기도수축, 혈관부종 등이 발생하여 위험한 상황에 빠질 수 있다. 기전적으로 약물의 면역부작용은 항체(IgE 등)에 의한 것과 T 세포에 의하여 발생하는 것으로 나눌 수 있으며, IgE에 의한 약물 부작용은 보통 1시간 이내의 이른 시간에 발생하나 그 외의 기전에 의한 것은 약물 노출 후 다양한 시간에 발생한다.

가장 흔한 약물 면역부작용의 증상은 경증의 피부 알레르기 질환으로 두드러기와 발진 등이다. 가장 심한 형태의 면역부작용은 우리 말로 '중증피부과민반응'으로 번역되는 SCARSevere Cutaneous Adverse Reaction이다. SCAR는 흔히 중독성 표피괴사융해증Toxic Epidermal Necrolysis, TEN과 스티븐스-존스증후군Stevens-Johnson Syndrome, SJS 및 드레스증후군Drug Rash with Eosinophilia and Systemic Symptoms, DRESS으로 분류된다. 이 중 가장 증상이 심한 것은 중독성표피괴사융해증으로 피부에 발진이 생기는 것뿐만 아니라 피부가 괴사되어 물집이 형성되며 내부 장기에도 손상이 있는 경우가 많다(그림 14.1 참조). 스티븐스-존스증후군은 물집 없이 30% 이내의 전체 피부에 발진이 생기는 경우를 말하며 심한 경우 내부 장기 병변이 동반될 수 있다. 드레스증후군은 피부 발진보다는 내부 장기 병변이 주로 있는 것을 말하며 발열, 혈액이상(예를 들어 호산구증가) 등이 나타난다. 이외에 각 장기에 특이적인 면역부작용으로 췌장염, 간손상Drug-Induced Liver Injury, DILI, 백혈구감소증, 심근염 등이 발생할 수 있다. 약물에 의한 간손상은 전체 급성 간손상의 7~15%를 차지하며 흔히 생명을 위협하는 중증질환으로 악화된다.

**그림 14.1** 항생제 반코마이신vancomycin에 의하여 환자 등 부위에 발생한 중독성표피괴사융해증의 예

자료: 서울대학교 병원 박홍우 교수 제공

## 약물의 면역부작용은 어떻게 발생되나?

사람의 면역반응 형성에 있어서 인간백혈구항원Human Leukocyte Antigen, HLA 시스템은 중요한 역할을 한다. 인간백혈구항원은 사람에게 있는 주조직적합성복합체Major Histocompatibility Complex, MHC의 구성요소로 면역기능조절, 특히 항원 형성에 중요한 역할을 한다. 인간백혈구항원은 제1형Class I과 제2형Class II으로 나뉘는데, 제1형 인간백혈구항원에는 HLA-A, HLA-B, HLA-C가 있고 이들 단백질은 거의 모든 사람세포에 존재하면서 CD8+ 세포독성임파구cytotoxic lymphocyte를 활성화한다. 제2형 인간백혈구항원에는 HLA-DP, HLA-DQ, HLA-DR이 있으며, 이들은 항원을 만드는 전문적인 면역세포에 존재하며 CD4+ 도움T 세포helper T lymphocyte를 활성화한다. 이들 단백질은 세포막에서 면역세포들을 자극시켜서 면역반응 형성과 면역기억에 중요한 역할을 하는데, 특히 제1형 인간백혈구항원은 바이러스 및 암세포에서 유래한 다양한 항원을 표면에 발현시켜 면역반응을 유도한다.

면역반응을 일으키는 항원은 분자량이 수천 달톤dalton 이상이 되는 단백질 혹은 당질 구조를 갖고 있다. 그런데 대부분 약물은 분자량이 수백 달톤 정도로 면역반응을 일으키기에는 크기가 작다. 따라서 분자량이 작은 약물들이 어떻게 면역부작용을 일으키는가에 관하여 몇 가지 가설이 제시되고 있다. 첫 번째는 '불완전항원' 혹은 '촉매항원'으로 번역되는 합텐hapten 모델이다. 분자량이 작은 약물이 단백질 조각에 결합한 후 이것이 HLA에 의하여 인식되어 항원으로 작용할 수 있게 되고, 이에 따라 면역반응이 유발된다. 일반적으로 페니실린은 합텐으로 작용하여 면역반응을 일으키는 것으로 알려져 있다. 두 번째는 약물이 HLA 단백 혹은 임파구의 T 세포 수용체에 직접 작용하여 면역반응을 유도하는 것이고, 세 번째는 기전은 이미 형성되어 있는 HLA-항원 복합체에 약물이 결합하여 면역반응의 변동을 일으키는 것이다. 에이즈 치료제인 아바카비르abacavir는 세 번째 기전(항원성 변동유발)을 통하여 면역반응을 유발하는 것으로 여겨지고 있다.

## 면역계 부작용을 유발하는 대표적인 약물에는 어떤 것이 있는가?

통풍치료제, 항생제, 항바이러스제 및 항간질약 등 다양한 약물이 면역 부작용을 일으킬 수 있다. 아바카비르는 에이즈바이러스의 역전사효소를 억제하는 약물로 에이즈 치료제로 사용된다. 일반적으로 아바카비르는 안전한 약물이지만 HLA B * 57:01 유전형을 지닌 사람(주로 서양인)에게는 빈번하게 발진, 구토, 호흡곤란 등의 과민반응을 유발한다. 알로푸리놀allopurinol은 요산의 혈중농도를 낮추는 약물로 통풍 등의 치료에 사용한다. HLA B * 58:01 유전형을 지닌 경우 약 3%의 빈도로 중독성표피괴사융해증/스티븐스-존스증후군이 나타날 수 있다. 따라서 HLA B * 58:01 유전형을 갖고 있으면 대체 약물인 페북소스타트febuxostat의 투여가 권유되고 있다. 항간질약인 카르바마제핀carbamazepine의 경우 HLA B * 15:02 유전형이 있는 사람들에서 약 5%의 빈도로 중독성표피괴사융해증/스티븐스-존스증후군이 나타날 수 있으며, 이 유전형은 대만 등 남부 중국인에 흔하지만 한국인에서는 드물다.

약물 자체가 면역반응을 일으키지는 않으나 과도한 약물반응으로 면역계에 약물부작용을 일으킬 수 있는 약물로는 아자티오프린azathioprine이 있다. 아자티오프린은 면역억제 약물로 류마티스관절염, 크론씨병, 궤양성대장염 등의 자가면역질환 치료에 이용된다. 그런데 일부 환자의 경우, 특히 TPMT(서양인) 및 NUDT15(동양인) 유전자의 변이가 있는 경우, 세포에서 아자티오프린의 최종 활성형(6-TGTP)이 정상인보다 많이 만들어져 심한 백혈구감소증(무과립구증) 등의 과도한 면역억제 부작용이 발생한다. 따라서 이들 유전자 변이를 지닌 환자에게는 정상인보다 훨씬 적은 용량의 약물을 투여하여야 한다. 최근 암질환 치료에 있어서 면역체크포인트를 억제하는 이필리무맙ipilimumab, 니볼루맙nivolumab, 펨브로리주맙pembrolizumab 등의 면역요법제가 새로운 항암 치료제로 각광받고 있다. 그러나 이러한 약제들은 작용기전상 인체에 면역부작용을 일으킬 가능성을 내포하고 있으며, 실제로 치명적인 심근염 등이 비정상적인 면역기전 활성화를 통하여 유발된다. 흥미로운 점은 최근 연구들에서 어느 정도의 면역부작용 발생이 암 치료와 양의 상관관계를 이루는 것으로 규명되고 있다는 것이다. 따라서 부작용은 최소화하고 암 치료 효과는 극대화할 수 있는 개인별 정밀 치료의 요구성이 증대되고 있다.

## 약물의 면역부작용은 예방이 가능한가?

유전자연구를 통하여 약물의 효과가 좋을 경우와 부작용이 발행할 경우를 예측해서 개인별 정밀의학 치료를 가능하게 하는 학문을 약물유전체학Pharmacogenomics이라고 한다. 지난 30여 년간 많은 연구자의 노력으로 주요 약물 면역부작용의 기전 및 관련 유전자들이 발견되었고, 부작용을 예측할 수 있는 유전자 변이 바이오마커 발굴에 대하여도 진전이 있었다(표 14.1). 이들 유전자검사가 임상에서 널리 활용되기 위하여는 과

표 14.1 유전자바이오마커가 알려진 면역부작용 약물

| 약물명 | 용도(적응증) | 면역부작용 증상 | 유전자 바이오마커 | 한국인에서 유전자검사의 유용성 |
|---|---|---|---|---|
| 아자티오프린 | 면역억제제(류마티스 관절염, 크론씨병, 염증성대장염 등) | 무과립구증 | TPMT(서양인)<br>NUDT15(동양인) | O |
| 알로푸리놀 | 요산합성억제제 (통풍, 과요산혈증 등) | SJS/TEN, DRESS | HLA B*5801 | O |
| 아바카비르 | 역전자효소억제제 (후천성면역결핍증) | 과민반응 | HLA B*57:01 | ? |
| 카르바마제핀 | 뇌전증치료제(뇌전증) | SJS/TEN | HLA B*15:02<br>HLA A*31:01 | ? |
| 댑손 | 항균제 (나병, 톡소플라즈마 감염증 등) | DRESS | HLA B*13:01 | O |
| 풀르클록스아실린 | 항생제 (피부, 폐, 뼈 등의 다양한 세균감염증) | 과민반응 | HLA B*57:01 | ? |

SJS: 스티븐스-존슨증후군, TEN: 표피괴사융해증, DRESS: 드레스증후군, DILI: 약인성간손상

학적 진실성뿐 아니라 경제사회적 유용성의 입증이 필요하다. 대부분의 면역부작용관련 유전자바이오마커는 음성률(변이가 없는 사람이 부작용이 없는 비율)이 거의 100%로 우수하지만, 양성률(변이가 있는 사람에서 부작용이 발생할 비율)은 3~50% 정도로 다양하고 인종별로 차이를 보인다. 예를 들어 한국인 통풍환자의 알로푸리놀 약제 사용에 있어서 HLA B * 58:01 검사의 음성률은 100%이지만 양성률은 3% 정도로 낮다. 이는 알로푸리놀에 의한 면역반응 발생에 HLA B * 58:01이 꼭 필요한 요소이지만, 이외에도 다른 기전이 추가적으로 활성화되어야 면역반응이 형성된다는 점을 의미한다. 임상적으로 HLA B * 58:01 음성인 환자에게는 안전하게 알로푸리놀을 투여할 수 있지만, 양성이라면 단지 3%의 환자에게서 면역부작용이 발생하므로 HLA B * 58:01 양성인 환자에게 약 투여를 금지할지에 대하여 논란이 있다. 과거에는 알로푸리놀을 대체할 적절한 약물이 없어서 특히 논란이 되었지만, 근래에는 알로푸리놀의 대체 약물로 페북소스타트가 개발되어 사용되면서 알로푸리놀 처방환자에게 HLA B * 58:01 유전자검사 시행이 점차 늘어나고 있다. 아바카비르 사용에 대한 HLA B * 57:01 유전자검사의 경우 음성률 100%, 양성률이 50% 정도로 우수하기 때문에 미국에서는 이에 대한 유전자검사가 정착되어 가고 있다. 그러나 우리나라 사람의 경우 인구집단에서 HLA B * 57:01을 갖고 있는 사람이 매우 드물기 때문에 이 검사의 유용성이 크지 않을 것으로 판단된다. 따라서 인종, 지역에 따라 검사의 유용성이 다르게 된다. 미국의 경우 일반적으로 1 QALYQaulity-Adjusted Life Year(질병 없이 건강하게 사는 햇수) 당 5만 달러를 기준으로 유전자검사의 유용성을 판정한다. 즉 5만 달러의 검사비용으로 국민 1명당 건강한 삶의 기간을

1년 이상 증가시킬 수 있으면 사회 경제적으로 그 검사를 시행하는 것이 이득이라고 결정한 것이다.

## 맺음말

일반적으로 약물의 면역부작용은 발생빈도가 드물지만, 발병하면 환자에게 매우 심한 고통을 주게 된다. 심하면 사망에 이르게 되므로 약물에 관한 면역부작용의 예방과 적절한 치료는 의학적·사회 경제적으로 중요한 과제이다. 우리나라의 경우 과거 약물부작용의 보고가 불완전하였으나 근래에 체계적인 감시체계가 활성화되면서 많은 예시가 보고되고 있다. 이를 통하여 약물부작용을 예방하기 위한 의학적 발전이 이루어지고 있으며, 특히 약물유전체학을 비롯한 최근의 관련 학문 발전은 점점 더 많은 약물부작용 예측 바이오마커의 개발을 가능하게 하고 있다. 그러나 면역부작용을 비롯한 약물부작용의 예방은 학술적 근거 규명뿐만 아니라 의약품규제기관(예: 식품의약품안전처), 의료비용기관(예: 건강보험심사평가원) 및 사회기관(예: 건강관련 시민단체) 등의 관련기관에서 법제도적, 사회 경제적 기반을 마련하여야 한다. 따라서 부작용이 없는 안전한 약물사용을 위해서는 학계 및 정부 기관의 노력과 아울러 일반 국민의 의식 증가 등 모든 구성원의 합치된 노력이 필요하다.

15장

# 면역으로 어떻게 암을 치료하는가?

**신의철**(한국과학기술원 의과학대학원)

현대인에게 가장 두렵지만 가깝기도 한 질병은 아마도 암일 것이다. 가족이나 친지, 친구 등 가까운 주변 사람 중에서 암 진단을 받고 치료받는 경우를 어렵지 않게 접할 수 있다. 게다가 영화나 TV 드라마에서 등장인물이 말기 암을 진단받는 사건이 극적 장치로 빈번히 활용되다 보니 암은 우리에게 있어서 그리 낯선 질병이 아니다.

암은 기본적으로 유전자 돌연변이에 의한 질병이다. 쉽게 말해 내 몸의 세포에 생긴 유전자 돌연변이의 결과로 단백질이 변하고 그 결과, 세포의 증식이 적절히 제어되지 못하면 암세포로 되는 것이다. 그리고 암세포가 과잉 증식을 하여 종양이라는 덩어리를 형성해서 암의 증상을 일으키고, 더 진전되면 암이 발생한 곳으로부터 다른 장기로 전이가 되어 환자의 생명을 위협하게 된다.

현대의학에서 말하는 암의 3대 주요 치료방법이 있다. 바로 종양의 수술적 제거, 방사선 치료, 그리고 항암제 치료이다. 이러한 치료법들의 발전으로 인하여 암의 치료 성적은 지속해서 높아졌다. 특히 암을 초기에 발견하여 적절한 치료를 하게 되면 완치율이 상당히 높다. 하지만 암이 다른 장기로 전이가 되는 말기 상태가 되면 어떤 치료방법을 사용하든지 완치를 기대하기는 힘든 것이 현실이다.

그런데 최근 항암 면역치료법(다른 말로는 면역항암제라고도 한다)이 개발되어 이용되기 시작하면서 암의 새로운 치료방법으로 관심을 받고 있다. 특히 말기 암 환자도 항암 면역치료법으로 완치되는 경우가 종종 나타나면서 미래의 암 치료방법으로 더욱 각광을 받고 있다. 이번 장에서는 이러한 항암 면역치료법의 역사 및 현황 그리고 미래에 대해 살펴보도록 하겠다.

## 항암 면역치료의 역사

원래 우리 몸의 면역반응은 내 세포에 대해서는 일어나지 않고 남(예를 들어 세균이나 바이러스와 같은 외부 침입 병원체)에 대해서만 일어나게 되어 있다. 하지만 암세포도 면역반응의 표적이 될 수 있다. 왜냐하면 암세포의 기원은 내 세포이지만 유전자 돌연변이에 의해 생성된 변이 단백질은 더 이상 내 단백질이 아니라 남의 단백질로 면역세포에게 인식될 수 있기 때문이다.

면역반응을 이용하여 암을 치료하겠다는 아이디어는 의외로 꽤 오래

전부터 시작되었다. 의학사에서 19세기 말은 세균학의 시대였다. 로베르트 코흐의 탄저균 발견을 시작으로 많은 미생물학자가 인간의 질병을 일으키는 병원성 세균들을 발견하였고 감염을 막아주는 백신들도 개발되기 시작하였다. 그런데 이 당시 뉴욕에서 활동하던 외과의사인 윌리엄 콜리는 암 환자의 종양에 세균을 주입하는 암 치료법을 개발하였다. 아마도 당시 발전하고 있던 세균학과 면역학의 영향을 받았을 것으로 추측된다. 콜리는 처음에는 암 환자에게 살아있는 세균을 넣어 주다가 나중에는 죽은 세균의 균체를 주입하였다고 하는데, 현대의학의 신약 개발 관점에서는 허용되지 않았을 방법이었다. 그런데 모든 환자는 아니었지만, 아주 드물게 이런 치료법이 효과를 보이는 사례도 있었다고 한다. 이러한 콜리의 치료방법은 콜리 독소 또는 콜리 백신으로 불리었지만, 그 후 주류 의학계에서는 잊히게 되었다.

면역학의 개념이 좀 더 발전한 1950년대 후반에는 우리 몸의 면역계가 암의 발생을 늘 감시하고 제거하고 있다는 '면역 감시 가설'이 주창되었다. 그리고 깊은 연구들을 통하여 우리 몸에 존재하는 각종 면역세포의 종류를 알게 되고 그 각각의 기능과 조절기전을 알게 되면서, 1980년대 중반부터는 현대적인 개념의 항암 면역치료법들이 연구되기 시작하였다. 그 후 20년이 넘는 기간 동안 항암 면역치료법의 기본이 되는 면역학적 원리에 대해서도 많이 알게 되었고 이에 따라 새로운 항암 면역치료법들을 개발하였다. 하지만 실제 임상에서 암 환자를 대상으로 성공을 거둔 예는 거의 없었다. 대개 초기 연구에서 생쥐의 암을 치료하는 데는 성공하였으나 환자의 암을 치료하지는 못했던 것이다. 이런 상황에서 이후에 이야기할 면역항암제가 2010년대 중반에 성공을 거두고 임상 사용을 허가받으면서 항암 면역치료법의 역사가 바뀌기 시작하였다.

## 노벨상을 받게 한 면역항암제

항암 면역치료법에도 몇 가지 다른 접근 방법이 있지만, 최근에 가장 주목을 받는 것이 소위 면역관문 억제제라고도 불리는 면역항암제이다. 특히 면역항암제 개발의 근간이 된 발견을 하였던 두 면역학자에게 2018년도 노벨 생리의학상이 수여되면서 더욱 큰 관심을 받게 되었다. 미국의 제임스 앨리슨 교수와 일본의 혼조 다스쿠 교수가 그 주인공이다. 그럼 이제부터 면역항암제의 원리는 무엇이고 이 두 면역학자의 업적은 무엇인지 알아보자.

암세포에 대한 면역반응에 있어서는 면역세포의 일종인 T 세포, 그 중에서도 세포독성 T 세포(다른 말로는 CD8 T 세포라고도 한다)가 중요한 역할을 한다. 세포독성 T 세포는 원래 바이러스에 감염된 세포를 제거하는데 특화된 면역세포로서 암세포의 제거에도 활약하는 면역세포이다. 세포독성 T 세포가 암세포를 '나'라고 인식하지 않고 '남'이라고 인식할 수 있는 것은 암세포에 일어난 돌연변이 때문이다. 그런데 암 환자에게서는 암세포를 죽여야 하는 세포독성 T 세포의 기능이 매우 약해져 있다는 사실이 이전부터 알려져 왔다. 그리고 암 환자에서 암세포에 대항하는 세포독성 T 세포의 기능을 강화하는 방법을 개발한다면 이는 훌륭한 항암 면역치료법이 될 것이라는 기대가 있었다. 하지만 그다지 성공적인 항암 면역치료법은 개발되지 않았었다.

이런 상황에서 세포독성 T 세포의 기본적인 조절기전을 연구하다가 결국 효과적인 면역항암제 개발의 근간을 마련한 두 면역학자가 바로 2018년 노벨 생리의학상의 주인공인 앨리슨 교수와 혼조 교수이다. T 세포 연구의 초기에는 주로 어떤 기전을 통하여 T 세포가 활성화되는지에 대한 연구들이 집중적으로 진행되었다. 그러던 중 1990년대에 CTLA-4와 PD-1이라는 단백질이 발견되고 그 특성이 규명되었다. 이 단백질들은 T 세포가 가지는 단백질이지만 T 세포의 기능을 오히려 억제하는 기능이 있다. 면역반응 중에 T 세포의 기능이 너무 과하게 활성화되어 오히려 우리 몸에 손상을 주는 것을 막기 위해, T 세포는 이런 억제성 단백질을 가지고 있다. 이런 이유로 CTLA-4와 PD-1 단백질을 '면역관문immune checkpoint'이라고도 부른다. T 세포가 활성화된 후 너무 과한 활성화를 막아주는 '관문'의 역할을 한다는 것이다.

그런데 뒤이은 연구들을 통하여 놀라운 사실들이 알려졌다. 암 환자에서 암세포에 대항하는 세포독성 T 세포에 CTLA-4와 PD-1이 매우 많이 증가해 있고, 바로 이것이 세포독성 T 세포의 기능이 약화하는 이유라는 것이다. 이러한 발견은 곧바로 신약 개발로 이어졌다. 즉 CTLA-4나 PD-1이 세포독성 T 세포 기능 약화의 주요 원인이라면 항체를 이용하여 그 기능을 차단함으로써, 세포독성 T 세포의 기능을 회복 혹은 강화할 수 있을 것이라는 생각이 떠오른 것이다. 그리고 이 생각을 바탕으로 CTLA-4 및 PD-1 단백질에 관한 항체를 신약으로 개발하게 된 것이다. 이러한 과정에서 앨리슨 교수는 CTLA-4 단백질의 기능 및 특성을 규명하고 CTLA-4에 대한 항체약물의 개발을 주도하였으며, 혼조 교수는 PD-1을 발견하여 PD-1에 대한 항체약물 개발의 단초를 마련하였기에 노벨상을 받게 된 것이다.

이러한 항체신약들의 효과는 기대 이상이었다. 특히 기존 방법으로는 치료가 되지 않는 말기 암 환자가 면역항암제 치료를 받은 후 장기 생존을 하는 경우가 보고되기도 하였다. 먼저 개발된 것은 2010년에 개발된 CTLA-4에 관한 항체약물로서 악성흑색종 환자에서 치료 효과를 입증하였다. 뒤이어 2012년에는 PD-1에 대한 항체약물이 개발되었다. 처음에는 악성흑색종이나 폐암에서 치료 효과가 입증되었으나, 점점 치료 효과를 보이는 암의 종류가 증가하여 이제는 여러 가지 암의 치료에 사용되게 되었다. 즉 면역항암제는 한 종류의 암에만 효과가 있는 것이 아니라 여러 종류의 암에서 효과를 보일 수 있다는 것이 큰 장점이다. 그리고 CTLA-4와 PD-1과 같은 면역관문을 저해하여 약효를 나타낸다는 의미에서 이러한 면역항암제들을 '면역관문 억제제immune checkpoint inhibitor'라고도 부르게 되었다.

그렇다면 왜 이전에 세포독성 T 세포를 활성화하려는 항암 면역치료법들은 실패로 끝났지만 면역관문 억제제는 성공적인 결과를 보였을까? 항암 면역치료법을 자동차로 비유한 재미있는 이야기가 있다. 멈춰 서 있는 자동차가 있는데, 앞으로 나아가게 하려고 가속페달을 강하게 밟아도 차가 안 나가는 상황에서 자세히 보니 무언가가 브레이크를 강하게 밟고 있는 것이다. 이럴 때는 브레이크만 살짝 놔줘도 자동차가 앞으로 나가게 된다. 그리고 이러한 상황이 항암 면역치료 현장에서 나타난 것으로 볼 수 있다. 실제로 말기 암 환자에게서 면역관문 억제제 치료를 받고 장기 생존을 보이는 치료 효과가 의료현장에서 나타나고 있다. 게다가 면역관문 억제제는 기존의 항암제들이 보이는 심각한 부작용이 훨씬 적게 나타난다는 장점까지 가지고 있다.

그러면 면역항암제는 항암 치료의 만능 해결사일까? 현실은 그렇지 않다. 위에서 언급한 말기 암 환자들의 장기 생존 효과는 대략 20%의 환자에게서만 나타난다. 그리고 면역관문 억제제 치료를 받은 일부의 암 환자에게서는 오히려 암의 성장이 더 빨라지는 경우도 보고되고 있다. 이런 상황에서 많은 과학자는 '어떻게 하면 면역항암제의 효능을 극대화하여 궁극적으로는 말기 암 환자도 완치시킬 수 있을까?'하는 질문에 답을 찾고자 밤낮으로 연구에 매진하고 있다. 그뿐만 아니라 제약 회사나 바이오 회사들도 새로운 면역항암제를 개발하기 위해 전력을 다하여 경주하고 있으며, 임상 의학자들은 면역항암제와 기존의 항암 치료법들을 어떻게 병합하고 이용하여야 항암 치료의 효능을 극대화할 수 있을지 골몰하며 연구하고 있다.

## 암도 백신으로 치료할 수 있는가?

앞서 이야기한 대로 암세포는 면역반응의 표적이 될 수 있다. 왜냐하면 암세포의 기원은 자신의 세포이지만 유전자 돌연변이에 의해 생성된 변이 단백질은 더는 자신의 단백질이 아니라 남의 단백질로 면역세포에게 인식되기 때문이다.

암세포에 대해서도 면역반응이 유발될 수 있다는 점에 착안하여, 항암 면역치료법의 일환으로 암 백신에 관한 연구도 일찍이 시작되었다. 보통의 세균이나 바이러스에 관한 백신은 질병이 생기기 전에 예방의 목적으로 투여하는 예방백신인 반면, 암 백신의 경우에는 이미 암이 발병한 환자에게 치료의 목적으로 투여하는 치료백신의 개념으로 연구되었다.

그렇다면 암 백신을 개발할 때는 면역반응을 유발하는 백신 항원으로 어떤 것을 이용할까? 만약 세균이나 바이러스에 관한 백신을 개발하는 것이라면 세균이나 바이러스의 단백질을 항원으로 이용하면 되지만, 암 백신의 경우에는 암 항원을 이용한다는 것이 그리 쉬운 일이 아니다. 왜냐하면 암세포에 생기는 유전자 돌연변이는 각 암 환자마다 모두 다르게 '개인화되어personalized' 일어나는 것이기 때문이다. 따라서 같은 폐암이라 하더라도 폐암 환자에게 공통적인 백신 항원으로 이용할 돌연변이 단백질은 별로 없다고 보아야 하기 때문이다.

이러한 이유로 과거의 암 백신 개발은 돌연변이 단백질을 백신 항원으로 이용하지 못하였다. 그 대신 돌연변이는 없으나 암세포에서 과잉발현하는 단백질을 백신 항원으로 이용하여 암 백신을 개발하였다. 하지만 이런 경우에는 돌연변이가 없는 단백질을 백신 항원으로 사용하다 보니 면역반응이 그리 강하게 유도되지 않는 근원적인 한계가 있었다. 이런 과거의 방식으로 개발된 가장 대표적인 사례가 2010년에 암 백신 최초로 미국 식품의약국Food and Drug Administration, FDA의 허가를 받았던 덴드리온Dendreon 사의 전립선암 백신인 프로벤지Provenge였다. 하지만 프로벤지는 고가의 치료비용에 비해 그 효능이 제한적으로 나타났으므로 상업적으로 성공을 거두지는 못하였다.

좀 더 적극적으로 접근하여, '그럼 각 암 환자마다 어떤 돌연변이가 있는지 분석해서 이에 맞추어 제조한 환자 맞춤형 암 백신을 개발하면 되겠다'고 생각한 과학자들도 있었다. 하지만 이론적으로는 옳은 말이지만, 각 암 환자의 암세포에 있는 유전자 돌연변이를 찾는다는 일이 너무 어렵고 시간이 오래 걸리는 일이었기 때문에 현실적으로는 불가능에 가까운 일이었다. 그런데 2000년대 후반에 차세대 염기서열 분석법 next generation sequencing, NGS이 개발되어 상용화되면서 이런 상황이 변하였다. 바로 NGS 덕분에 각 암 환자의 암세포에 있는 유전자 돌연변이를 매우 빠르게 파악할 수 있게 된 것이다. 따라서 '환자 맞춤형 암 백신 personalized cancer vaccine(또는 개인 맞춤형 암 백신)' 개발이 눈앞으로 다가온 것이다.

위에서 서술한 것처럼 NGS 기술 덕분에 각 암 환자의 암세포에 있는 돌연변이 단백질을 항원으로 이용하는 환자 맞춤형 암 백신이 현실로 다가오고 있다. 이때 돌연변이 단백질 항원을 다른 말로 '신생항원 neoantigen'이라고 한다. 신생항원이란 정상세포가 암세포로 변할 때 새롭게 생성되는 항원이라는 뜻이다. 이러한 원리를 바탕으로 암 환자 개개인에서 신생항원을 발굴한 후, 환자 맞춤형 암 백신을 제조하여 환자에게 투약하는 연구가 세계 각지에서 활발히 이루어지고 있다.

지금까지 항암 면역치료의 개념과 역사, 면역관문 억제제라고 하는 면역항암제의 원리, 그리고 환자 맞춤형 암 백신에 대해 간단히 살펴보았다. 현대인을 가장 두렵게 하는 질병인 암의 정복에 있어 면역치료가 중심 역할을 할 것이라는 점에 대하여 많은 의학자가 동의하고 있다. 특히 미래 의학의 키워드라고 할 수 있는 정밀의료precision medicine의 개념을 가장 멋지게 구현한 아이디어가 바로 환자 맞춤형 암 백신이다. 인류는 면역치료법을 통해 결국 암을 정복할 수 있을까? 이 질문에 대해

2018년, 노벨상 수상식 직전에 열렸던 기자회견에서 혼조 교수는 "아마도 2050년에는 항암 면역치료법으로 대부분의 암을 치료할 수 있을 것"이라고 대답한 바 있다. 혼조 교수의 대답이 실제로 현실화할 수 있을지 궁금해진다.

# 16장

# 초미세 나노 주사가 정복하는 넓은 세계

**오유경**(서울대학교 약학대학)

## 나노 주사란 무엇인가?

나노 예방주사를 설명하기 전에 '나노nano'의 뜻에 대하여 알아보자. 나노는 우리 생활 주변에서 흔히 사용되고 있다. 나노 샴푸, 나노 화장품 등 나노라는 용어가 범람하지만, 엄밀히 말하면 나노 입자란 우리 눈으로는 볼 수 없는 초미세한 것으로, 1미터를 10억분의 1로 쪼개었을 때의 크기이다. 나노 입자를 작은 생물체와 비교해본다면 1미터를 100만분의 1로 나눈 정도인 세균보다 1000배 정도 작은 것이다. 우리 몸에 감염을 일으키는 바이러스들이 대부분 나노 크기를 가지므로 나노 입자는 '바이러스만큼 작은' 크기이다.

2020년부터 세계인의 건강을 위협하고 있는 코로나19를 일으키는 코로나바이러스, 더욱 정확하게는 SARS-CoV2severe acute respiratory syndrome coronavirus 2의 크기는 약 100나노미터(nm) 정도로서, 코로나바이러스는 감염질환을 일으키는 우리 몸에 감염되어 질병을 일으키는 해로운 나노 입자라고 할 수 있다. 바이러스와 비슷한 크기의 나노 입자를 예방주사로 개발하는 이유는 여러 가지 있지만, 바이러스와 유사한 크기를 가진다는 점도 중요한 이유이다.

그렇다면 나노 크기의 예방주사는 무엇으로 만들어질까? 나노 크기의 입자를 만드는 물질들은 지질, 고분자, 탄소 소재, 무기 금속 등으로 다양하며, 세계적으로 나노 물질 신소재를 개발하는 연구들이 활발히 진행 중이다. 나노 물질의 형태 또한 구형의 나노 입자, 막대기 모양, 판상 모양 등으로 다양하다. 나노 물질 중 가장 많이 사용되고, 오랜 역사가 있는 것은 지질 성분이다. 지질은 다른 물질들에 비하여 체내에서 지질 분해효소인 리파아제에 의하여 분해되므로, 기능을 다한 다음 체내에서 사라지게 된다. 따라서 우리 몸에 독성을 미칠 확률이 매우 낮다는 장점이 있다.

## 환자들에게 사용 중인 나노 의약품

지질로 만들어진 나노 물질 중 리포솜liposome은 지질 성분의 작은 풍선과 같은 형태이다. 인지질 구조의 구형 입자인 리포솜은 내부에 약물을 실어 나를 수 있는 지질로 이루어진 수송 차량이다. 약물은 다양한 종류를 수송 차량에 실을 수 있으며, 항암제를 내부에 실은 리포솜은 이미 환자들에게 사용되었다. 항암제를 리포솜과 같은 나노 수송 차량에 실어서 환자에게 주사할 경우, 환자들이 항암제로 인하여 고통받는 부작용들을 줄여줄 수 있다. 예를 들어 독소루비신이라는 항암제는 그 자체로 환자에게 주사하는 경우, 심장 조직에 독성을 나타낼 우려가 크고 전신에 약물이 퍼져서 탈모, 구토, 빈혈 등의 부작용으로 환자들이 항암치료를 받을 때 상당한 고통을 받게 된다. 그러나 항암제를 승객처럼 리포솜과 같은 나노 수송차량에 실어서 환자에게 주사할 경우, 암세포에 도착하는 약물은 많아지며 상대적으로 심장으로 가는 약물이나 다른 정상세포로 가는 약물의 양이 적어져서 환자들의 고통을 줄이면서도 치료효과를 높일 수 있다.

리포솜 지질 나노 수송체에는 항암제뿐만 아니라, 진통제, 항진균제 등 다양한 약물이 함유될 수 있으며, 최근에는 유전자 치료를 위하여 작은 간섭 리보핵산small interfering RNA, 유전자 가위 조작에 필요한 작은 가이드 리보핵산, 백신 항원에 대한 유전 정보를 가지고 있는 리보핵산 등을 전달하는 연구들이 진행되고 있다. 즉 지질 나노 수송체처럼 나노 물질을 사용할 경우 다양한 화학물질 의약뿐 아니라 치료용 유전자, 백신 항원, 펩타이드, 단백질 등 약물의 효능에 따라 나노 의약이 적용될 수 있는 분야는 매우 넓다.

리보핵산 간섭 치료제RNA interfering therapeutics의 기초인 리보핵산 간섭이라는 현상은 2006년에 미국의 앤드루 파이어 박사와 크레이그 멜로 박사가 공동으로 노벨 생리의학상을 수상한 주제로서, 이 개념을 기초로 수많은 벤처 기업과 다국적 제약 회사들이 이 개념을 이용한 신약 개발에 투자하기 시작하였다. 특정한 단백질에 대한 정보를 가지고 있는 메신저 리보핵산에 20~22개 정도의 작은 서열 크기인 리보핵산 조작이 상보적으로 결합하면, 특정한 메신저 리보핵산을 세포 내에서 분해하는 지령을 보내게 된다. 따라서 특정 단백질이 메신저 리보핵산에 의하여 리보좀ribosome에서 만드는 양이 줄어들게 된다. 따라서 유전적으로 질환을 유발하는 단백질이 과도하게 만들어지는 유전적 질환 등에 질병을 일으키는 단백질이 만들어지는 것을 억제하는 신약으로 개발될 수 있다.

그러나 리보핵산을 주요 성분으로 하는 치료제는 그 자체로는 세포 내에 들어가지 못하므로, 지질 나노 입자를 수송체로 사용하여 입자 내부에 리보핵산을 넣어서 전달하는 형태로 개발되었다. 이미 미국에서 최초의 리보핵산 간섭치료제가 온파트로OnpattroTM라는 제품으로 2018년 9월에 미국 식품의약품안전국Food and Drug Administration, FDA에서 허가를 받아 환자들에게 사용되고 있다. 지질 나노 입자를 이용하여 리보핵산 조각들이 세포 내로 들어갈 수 있도록 하는 전달 기술의 축적은 코로나19 백신이 짧은 시간에 개발되는 데 중요한 기여를 하였다.

## 코로나19 예방주사에 나노 기술이 사용된 이유는 무엇인가?

2019년에 처음 보고된 코로나19에 대하여, 1년 남짓한 2020년 하반기에 역사적으로 최단기간 코로나19를 방지하는 예방주사들이 환자들에게 사용되고 있다. 미국에서 개발된 예방주사들은 기술적으로 다른 점들이 있으나, 미국의 모더나Moderna 사와 화이자Pfizer 사에서 각각 개발한 코로나19 예방주사는 바로 지질 나노 입자를 수송 차량으로 이용한 것이다. 다시 말해 코로나바이러스 감염을 예방하는 리보핵산을 마치 택배처럼 싣고서 면역세포 내부로 효과적으로 배송하는 데 활용한 것이다. 그렇다면 나노 기술을 이용하여 코로나바이러스 항원을 전달해야 하는 이유는 무엇일까?

코로나19를 일으키는 바이러스들에 예방 효과를 일으키려면 바이러스와 유사한 물질을 가진 물질을 면역 체계에서 인식하고 공격하게 만들어야 한다. 코로나바이러스를 면역 체계에서 신속히 인식하게 하려면 코로나바이러스만의 특징적인 구조를 면역계가 파악하게 만드는 것이 효과적이다. 코로나바이러스의 껍질 부분에는 스파이크 단백질이라는 돌출된 구조가 있다. 이러한 특이적인 껍질 구조에 대하여 우리 몸에서 항체가 생성되면, 코로나바이러스를 둘러싸서 바이러스가 세포 안으로 들어가서 증식하는 것을 막고, 감염 증상이 일어나는 것을 막을 수 있다.

껍질 부분의 스파이크 단백질은 메신저 리보핵산에서 만들어진다. 따라서 우리 몸에 미리 코로나바이러스의 껍질 부분의 일부를 만들어내는 메신저 리보핵산을 주사한다면, 미리 코로나바이러스에 대항할 수 있는 항체가 대항군으로 형성되게 된다. 코로나바이러스 껍질 부분의 단백질을 만들어내는 메신저 리보핵산만을 투사할 경우, 우리 몸 안에 있는 리보핵산 분해효소에 의하여 바로 사라지므로 항체를 효과적으로 형성할 수가 없다. 그러나 지질 나노 입자 속에 메신저 리보핵산을 넣은 형태로 주사해주면, 주변의 리보핵산 분해효소의 작용을 피하는 장점이 있다(그림 16.1a).

또한 메신저 리보핵산은 분자량이 수만 배로 거대한 크기를 가지며 당, 인산, 염기로 구성된 메신저 리보핵산의 특징상, 인산이 강한 음전하를 지니게 된다. 따라서 그 자체만 투여하는 경우 지질막 세포 내로 들어가기가 어렵다. 나노 기술로 메신저 리보핵산 형태의 바이러스 항원을 마치 승객처럼 나노 입자라는 수송체에 실어줄 경우, 나노 입자가 세포 내로 들어가면서 승객인 메신저 리보핵산 또한 같이 세포 내로 입장하는 것이 가능해진다(그림 16.1b).

## 면역세포 내로 들어간 메신저 리보핵산은 어떻게 면역을 유도하는가?

코로나바이러스처럼 우리 몸에 심각한 질병을 일으키는 바이러스는 껍질 부분에 구조의 일부에 관한 정보를 포함하는 메신저 리보핵산을 지닌다. 이 메신저 리보핵산은 세포 내에 들어가면 세포질로 이동하게 되는데, 세포질에서는 존재하는 리보좀에서 바이러스 항원 단백질을 만들어내는 정보를 제공한다. 한 개의 메신저 리보핵산이 있다고 할지라도 한 개의 실과 같은 메신저 리보핵산에 여러 개의 리보좀이 염주알처럼 결합하고, 메신저 리보핵산의 정보를 읽어나가며 여러 개의 항원 단백질이 반복적으로 만들어진다. 이 단백질은 면역세포 내에서 다시 일련의 과정을 통해서 바이러스 껍질 부분에 존재하여, 우리 몸으로 들어가는 통로가 되는 단백질을 인식하고 방어하는 대항군인 항체를 생성하게 된다(그림 16.1b).

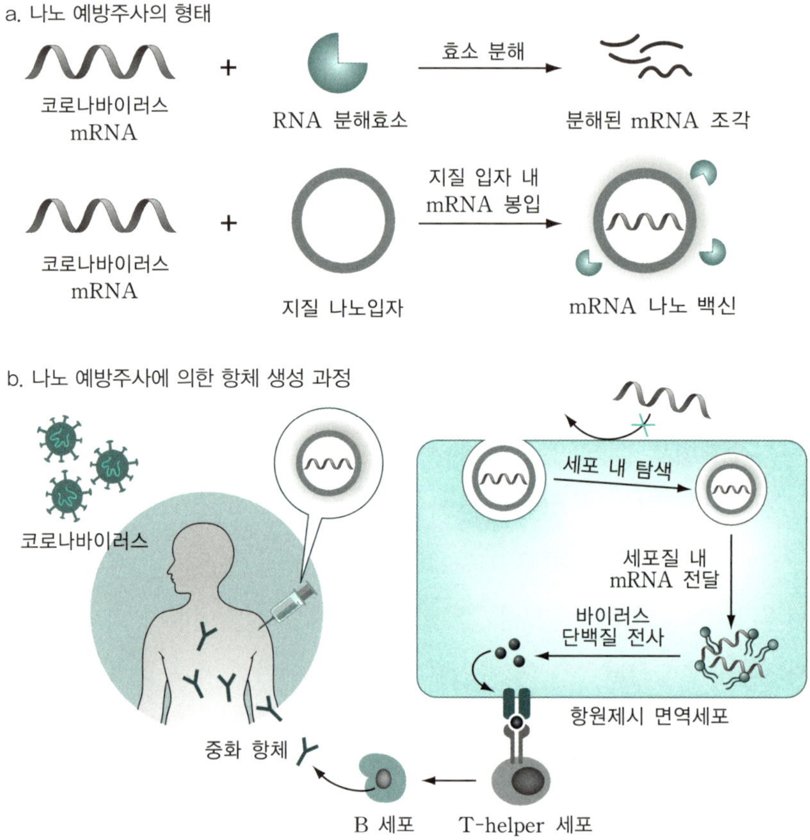


그림 16.1 나노 백신의 항체 생성 과정

## 메신저 리보핵산 나노 예방주사는 무엇이 좋은가?

기존의 예방주사제들은 바이러스 입자 자체의 독성을 감소시키거나, 바이러스 단백질 일부를 투여하는 형태들로 개발되었다. 바이러스 껍질을 이루고 있는 단백질 중의 하나를 예방주사제로 개발하는 것은 메신저 리보핵산 예방주사제의 개발보다 시간이 오래 걸린다는 단점이 있다.

그 이유는 단백질 항원을 세포에서 만들어내는 공정, 세포에서 단백질 항원을 고순도로 분리하는 공정을 개발해야 하며, 여러 가지 복잡한 공정으로 개발 비용이 상당히 요구되고 시간 역시 수년이 걸리기 때문이다. 따라서 감염을 일으키는 바이러스가 출현한 경우, 예방주사제를 신속히 개발하기란 쉽지 않다. 이에 비하여 메신저 리보핵산 예방주사는 갑자기 출현한 바이러스나 바이러스 변이체의 항원에 대한 항체를 만들어내는 메신저 리보핵산만 준비하면 된다.

또한 메신저 리보핵산을 지질 형태의 나노 수송 차량에 승객처럼 탑승만 시키면 되므로, 대량 생산이 가능하며 제조 공정이 현저히 짧다는 장점이 있다. 따라서 코로나19처럼 단시간에 백신 개발이 전 세계적으로 요구되는 상황에서는 기존의 단백질 백신보다, 개발 기간이 짧은 메신저 리보핵산 백신이 속도전에서 큰 장점이 있기에 가장 먼저 미국에서 사용된 것이다. 다시 말해 메신저 리보핵산 백신은 사회적 거리두기에서 벗어나는 데 필요한 백신 개발이 사회적 필요로 요구되는 현 세태에서 이에 부응하는 큰 장점이 있는 것이다.

## 나노 의약은 예방주사에만 사용되는가?

그렇다면 나노 의약은 예방주사에만 사용될까? 답은 '아니다'이다. 나노 의약은 팔색조처럼 다양한 질환의 치료제 개발에 이용되고 있다. 즉 감염증에 대한 예방주사뿐만 아니라 항암 면역치료제로서도 활발히 연구 및 개발이 되고 있다. 그렇다면 나노 의약은 어떻게 항암 면역치료제에 응용이 되는 것일까? 나노 의약의 항암 면역치료에 관한 연구는 아직 세계적으로 환자에게 사용되는 단계는 아니지만 흥미로운 연구들이 시작되고 있다. 여러 다양한 연구가 있지만, 나노 입자를 사용한 항암 면역

표 16.1 환자들에게 사용되고 있는 지질 소재 나노 의약의 사례

| 상품명 | 의약 성분 | 효능 | 적응증 |
|---|---|---|---|
| 독실(Doxil) | Daunorubicin | 항암제 | 카포시 육종 |
| 암비솜<br>(AmBisome) | Amphotericin B | 항진균제 | 진균 감염증 |
| 비쥬다인<br>(Visudyne) | Verteporphin | 광감작제 | 노인 안구황반변성증 |
| 리포독스<br>(Lipo-Dox) | Doxorubicin | 항암제 | 전이성 유방암 |
| 디포두르<br>(DepoDur) | Morphine sulfate | 진통제 | 통증 관리 |
| 리푸수(Lipusu) | Paclitaxel | 항암제 | 위암, 난소암, 폐암 |
| 마르퀴보<br>(Marquibo) | Vincristine | 항암제 | 비호지킨성 림프종 및 백혈병 |
| 오니바이드주<br>(Onivyde) | Irrinotecan | 항암제 | 전이성 췌장암 |
| 온파트로<br>(Onpattro) | Patisiran | 리보핵산 치료제 | 유전성 트랜스티레틴 매개성아밀로이드증 |
| 기블라리(Givlarri) | Givosiran | 리보핵산 치료제 | 급성 간성 포르피린증 |
| 모더나 백신<br>(Moderna COVID-19 vaccine) | SARS-CoV2 메신저 리보핵산, 지질 나노 입자 | 메신저 리보핵산 예방주사 | 코로나19 예방 |
| 화이자 백신<br>(Pfizer-BioNTech COVID-19 vaccine) | SARS-CoV2 메신저 리보핵산, 지질 나노 입자 | 메신저 리보핵산 예방주사 | 코로나19 예방 |

치료의 최근 사례를 간략히 설명해보고자 한다.

암 환자의 암 조직에는 암세포가 가장 많은 수를 차지하고 있다. 그러나 그 주변에는 면역세포 등 다른 세포들이 존재한다. 특징적인 것은 원래 우리 몸을 지키는 군대의 역할을 하는 면역세포가 종양 조직에서는 생기를 잃고 원래의 철통 방어의 역할을 할 수 없다는 점이다. 이렇게 원래의 기능을 상실하여 군기가 사라진 종양 조직의 면역세포들을 대체할 수 있도록, 나노 의약을 이용하여 강철같은 다른 면역세포들을 투입해서 환경을 바꾸어주는 것이다. 한편으로는 주눅 들어있는 면역세포에 활력을 주는 특정 의약 성분을 나노 입자로 공급해줌으로써 면역세포가 제 기능을 찾고 암세포를 공격하게 하는 연구들도 진행되고 있다.

결론적으로 나노 의약은 이제 특정 전공분야의 교과서나 논문의 과학 이야기를 넘어서, 인류를 감염질환에서 벗어나게 할 수 있는 예방주사의 중요한 구성 성분으로 세상에 나와 있다. 예방주사의 성분으로 바이러스에 대항하는 항체를 유도하는 항원을 메신저 리보핵산 형태로 전달하는 가능성이 검증된 부분은, 이제 다양한 유전자 치료 등에 나노 의약이 더욱 활발히 개발될 것이라는 가능성을 보여준다. 감염질환에 대한 예방주사를 넘어서, 나노 의약으로 암 환자의 암세포를 강력하게 파괴하는 면역세포의 기능을 증강하여, 화학 항암제에 의한 부작용이나 수술 후의 전이에 관한 걱정 없이 환자들의 삶의 질을 높일 날이 다가오고 있다.

# 부록

## 의학자가 생각하는 코로나19 종식의 시나리오

**신의철**(한국과학기술원 의과학대학원)

코로나19 종식은 어떤 식으로 이루어질까? 질문을 좀 바꾸면, 코로나19 종식은 정확히 어떤 상태를 말하는 것일까? 하루에 1,000명 넘게 신규 확진자가 발생하는 현시점에서는 조금 이른 것 같지만, 이는 매우 중요한 질문이다. 왜냐하면 코로나19 종식의 시나리오를 상상하지 않고서는 그것을 효율적으로 달성하기가 매우 어렵기 때문이다.

지금은 백신 수급이 원활하지 않지만, 코로나19를 종식하기 위해서는 정부의 계획대로 3분기에 백신 접종률을 일정 수준(예를 들어 70%)까지 끌어올리는 것이 급선무일 것이다. 물론 그 시점까지는 사회적 거리두기를 지속할 수밖에 없겠지만, 백신 접종률 70%를 넘기고 나면 사회적 거리두기는 점차 완화될 것이며 마스크도 점차 벗을 수 있게 될 것이다. 그런데 그다음에는 어떤 일이 벌어질까? 이 순간 과학을 바탕으로 한 영화적 상상력이 필요하다.

먼저 나쁜 소식을 말하자면, 아마 백신 접종률이 꽤 높아진 이후에도 코로나바이러스는 세상에서 없어지지 않고 지속해서 전파되면서 신규 확진자들을 만들어 내리라는 것이다. 코로나19는 바이러스의 전파를 거의 완전히 차단하는 수준의 집단 면역을 기대할 수 없는 질환이기 때문이다. 집단 면역의 대표적 사례인 홍역의 경우, 백신으로 한번 생성된 항체가 오래 지속하고 바이러스의 변이도 거의 없으므로 백신 접종률을 높여서 환자의 발생을 막을 수 있다. 하지만 코로나19의 경우에는 생성된 중화 항체가 그리 오래 지속하지 않고 변이도 빈번하게 나타나므로 바이러스 전파를 차단하기란 불가능해 보인다. 또한 델타 혹은 람다 이후에도 새로운 변이가 끝없이 발생할 것으로 예상된다.

하지만 좋은 소식도 있다. 백신을 접종받은 사람들에서는 코로나19의 중증도나 사망률이 현저히 감소할 거라는 사실이다. 백신에 의하여 형성된 중화 항체나 기억 T 세포가 변이 바이러스의 감염을 막아주지는 못한다고 하더라도 어느 정도는 작동할 것이기 때문이다. 보고되고 있는 돌파 감염의 경우에 대부분 경증질환을 앓게 되는 것도 같은 이유이다. 특히 T 세포로 국한해서 보자면, 아무리 심한 변이가 일어난다고 하더라도, 단백질 항원 여기저기에 흩어져 있는 T 세포 항원 에피토프epitope들 모두에서 한꺼번에 변이가 일어나 기억 T 세포 반응을 완전히 회피하는 것은 불가능하다고 볼 수 있다.

여기까지의 시나리오가 타당하다면, 매우 중요한 다음 질문을 던져야 한다. 코로나19 팬데믹의 종식(혹은 진정) 이후에, 우리는 일일 몇 명의 신규 확진자 발생을 '자연스러운' 수준이라고 받아들일 것인가? 그 이후에도 지금처럼 바이러스의 전파를 차단하고 신규 확진자 발생을 최소화하려는 노력을 지속하여야 하는가? 어쩌면 정답은 우리의 상식과 반대일지도 모른다.

위에서 말한 시나리오대로 코로나19 팬데믹 종식 후에 발생할 신규 확진자들이 대부분 경증이라는 전제하에서는, 오히려 코로나19 바이러스의 전파가 어느 정도 활발히 일어나는 것이 우리 사회의 코로나19 면역도 유지에 도움이 될 것이다. 백신을 접종받고도 시간이 지나 중화 항체 역가가 감소하여 코로나19 바이러스에 감염되고 경증질환을 겪는 사람의 경우라면, 감염 자체가 백신 추가접종(부스터샷)의 역할을 할 것이다. 게다가 백신 접종을 받은 후 변이 바이러스에 감염된 경우라면, 감염 자체가 변이 바이러스에 특이적인 항체가를 높여주는 '변이 타겟 백신'의 역할을 할 것이다. 물론 이런 상황에서도 고령자나 면역저하자들은 (감염이 아닌) 실제 백신 추가 접종을 통하여 방어면역을 강화해야 할 것이다. 결국 일정 수준의 백신 접종률을 달성한 이후에는 코로나19 바이러스의 전파를 통하여 우리 사회의 면역도를 유지하고, 변이 바이러스에 대한 방어면역을 형성하게 하는 것이 바로 코로나19가 독감처럼 되고 궁극적으로 감기처럼 되는 시나리오이다.

이러한 시나리오를 따른다면, 코로나19 팬데믹 상황에서 고민이 되는 다음과 같은 여러 이슈에 관한 답들도 쉽게 구할 수 있을 것이다. 현재 제한적으로 확보된 백신을 미접종 고령자에게 우선 배분할 것인가, 아니면 활동이 많은 20~30대에게 우선 배분할 것인가? 거리두기를 해제한 후에도 신규 확진자 수를 집계하면서 동선을 추적할 것인가? 이후에 백신 추가접종을 시행할 것인가? 혹은 변이 바이러스용 백신을 별도로 개발하거나 도입할 것인가?

앞에서 제시한 시나리오만이 정답이라고 주장하지는 않겠다. 하지만 앞에서 열거한 중요한 이슈들에 관하여 우리 사회가 컨센서스consensus를 가지기 위해서라도 다양한 시나리오들이 제시되고 이들에 관한 자유로운 상상과 면밀한 검토가 필요하다. 하지만 우리는 이러한 영화적 상상력을 발휘하는 데 익숙하지 않은 것 같다.

작년 이맘때, 하루 신규 확진자가 100명을 넘지 않던 그때, 잘 실행되는 것만 같았던 K-방역에 안심하는 대신 코로나 종식의 시나리오를 상상해 보았다면 아마 백신 확보를 좀 더 서둘렀을 것이다. 과학적 예측만 정확히 하였더라도, K-방역을 통해 신규 확진자 수를 줄이는 것만으로는 코로나19 전파를 일정 시간 지연시킬 수 있을 뿐 종식시킬 수 없다는 사실을 알았을 것이다. 이미 지난 일을 다시 끄집어내는 것은 누군가를 비난하기 위함이 아니다. 다만 지금도 코로나 종식의 시나리오를 상상하지 않고 하루하루 방역에만 애를 쓰는 것 같아 안타까운 마음이 크다. 지금부터라도 다음과 같은 질문에 관한 답을 준비하여야 한다. "코로나19 팬데믹 이후, 한국에서는 코로나19 하루 확진자를 몇 명까지 자연스러운(심지어 적절한) 수준이라고 판단할 것인가?"

이 글은 2021년 7월 14일 〈청년의사〉에 '코로나19 종식, 과학적 예측과 영화적 상상'이라는 제목으로 실렸던 칼럼을 수정한 글이다(www.docdocdoc.co.kr/news/articleView.html?idxno=2012545).

# 참고문헌

## 1부 면역의 모든 것

### 1장 면역이란?


1 Barré-Sinoussi F, Chermann JC, Rey F, et al. Isolation of a T-lymphotropic retrovirus from a patient at risk for acquired immune deficiency syndrome(AIDS). *Science*. 1983. 220: 868-71

2 Dinarello CA. The interleukin-1 family: 10 years of discovery. *FASEB J*. 1994. 8: 1314-25

3 Gallo RC. History of the discoveries of the first human retroviruses: HTLV-1 and HTLV-2. *Oncogene*. 2005. 24: 5926-30

4 Hedrick SM, Cohen DI, Nielsen EA. Isolation of cDNA clones encoding T cell-specific membrane-associated proteins. *Nature*. 1984. 308: 149-53

5 Ishizaka K, Ishizaka T. Identification of IgE. *J Allergy Clin Immunol*. 2016. 137: 1646-50

6 Issacs A, Lindemann J. Virus interference. I. The interferon. *Proc R Soc Lond*. 1957. 147: 258-67

7 Kim TK, Lee M-S. Innate immune receptors in type 1 diabetes: the relationship to cell death-associated inflammation. *Biochem Soc Trans*.

2020. 48: 1213-25

8 Lenardo MJ, Baltimore D. NF-kappa B: a pleiotropic mediator of inducible and tissue-specific gene control. *Cell.* 1989. 58: 227-9

9 Medzhitov R, Preston-Hurlburt P, Janeway CA. A human homologue of the Drosophila Toll protein signals activation of adaptive immunity. *Nature.* 1997. 388: 394-7

10 Miller JF. The thymus and the development of immunological responsiveness. *Science.* 1964. 144: 1544-51

11 Petrilli V, Papin S, Tschopp J. The inflammasome. *Curr Biol.* 2005. 15: R581

12 Rose NR, Taylor KB. The autoimmune diseases. *Med Clin North Am.* 1965. 49: 1675-716

13 Saiki RK, Scharf S, Faloona F, et al. Enzymatic amplification of beta-globin genomic sequences and restriction site analysis for diagnosis of sickle cell anemia. *Science.* 1985. 230: 1350-4

14 Sakaguchi S. Regulatory T cells: key controllers of immunologic self-tolerance. *Cell.* 2000. 101: 455-8

15 Van der Veeken J, Gonzalez AJ, Cho H, et al. Memory of inflammation in regulatory T cells. *Cell.* 2016. 166: 977-90

16 Weng N-P. Aging of the immune system: how much can the adaptive immune system adapt? *Immunity.* 2006. 24: 495-9

17 Yanagi Y, Yoshikai Y, Leggett K, et al. A human T cell-specific cDNA clone encodes a protein having extensive homology to immunoglobulin chains. *Nature.* 1984. 308: 145-9

## 2장 후성유전체와 면역

1 Arturas Petronis. Monozygotic Twins Exhibit Numerous epigenetic differences: Clues to Twin Discordance?. *Schcizophrenia Bulletin*. 2003.

2 Anna AEA, Hedrich CM. The role of Epigenetics in Autoimmune/Inflammatory Disease. *Frontiers in Immunology*. 2019.

3 Bussling M, Tarakhovsky A, et al. Epigenome control of Immunity *Cold spring harb perspect biol*. 2014.

4 Futscher BW, Oshiro MM, Wozniak RJ, et al. Role for DNA methylation in the control of cell type-specific maspin expression. *Nature genetics*. 2002.

5 Suárez-Álvarez B, Baragaño Raneros A, Ortega F, et al. Epigenome modulation of the immune function. Epigenetics. 2013.

## 3장 코로나바이러스 감염과 면역

1 Choe PG, Kang CK, Suh HJ, et al. Antibody Responses to SARS-CoV-2 at 8 Weeks Postinfection in Asymptomatic Patients. *Emerg Infect Dis*. 2020. 26(10): 2484-7

2 Hwang ES, Park CG, Cha CY. Immune Responses to Viral Infection. *Immune Netw*. 2004. 4(2): 73-80

3 Kang CK, Han GC, Kim M, et al. Aberrant hyperactivation of cytotoxic T-cell as a potential determinant of COVID-19 severity. *Int J Infect Dis*. 2020. 97: 313-21

4 Poland GA, Ovsyannikova IG, Kennedy RB. SARS-CoV-2 immunity: review and applications to phase 3 vaccine candidates. *Lancet*. 2020. 396(10262): 1595-606

5 van Riel, D., de Wit, E. Next-generation vaccine platforms for COVID-19. *Nat Mater*. 19, 810–812. 2020. https://doi.org/10.1038/s41563-020-0746-0

## 4장 면역세포의 반란


1 대한류마티스학회. "류마티스학 2판". 군자출판사. 2014.

2 Hochberg MC, Silman AJ, Smolen JS, et al, eds. Rheumatology. 6th ed. Philadelphia. Elsevier Mosby. 2015.


## 6장 심혈관 동맥경화증과 면역반응


1 동맥경화의 병태생리. *Journal of Korean Society of Intravascular Neurosurgery.* 2011. 6: 1-5

2 Orr AW, Yurdagul A, Patel BM. Pathogenesis of Atherosclerosis; From cell biology to therapeutics. *MORGAN & CLAYPOOL LIFE SCIENCE.*

3 Gisterå A, Hansson GK. The immunology of atherosclerosis. *Nat Rev Nephrol.* 2017. 13(6): 368-380

4 Gisterå A, Hansson GK. The immunology of atherosclerosis. *Nat Rev Nephrol.* 2017. 13(6): 368-380

5 Herrero-Fernandez B, Gomez-Bris R, Somovilla-Crespo B. Immunobiology of Atherosclerosis: A Complex Net of Interactions. *Int J Mol Sci.* 2019. 24;20(21): 5293

6 Glass CK, Witztum JL. Atherosclerosis. The road ahead. *Cell.* 2001. 104: 503-516

7 Hansson GK, Hermansson A. The immune system in atherosclerosis. *Nat Immunol.* 2011. 12(3): 204-12

8 Hansson GK. Inflammation, atherosclerosis, and coronary artery disease. *N Engl J Med.* 2005. 352: 1685-1695

9 Libby P, Ridker PM, Hansson GK. Inflammation in atherosclerosis: from pathophysiology to practice. *J Am Coll Cardiol.* 2009. 1;54(23): 2129-38

10 Libby P, Ridker PM, Hansson GK. Progress and challenges in translating the biology of atherosclerosis. *Nature.* 2011. 19;473(7347): 317-25

**11** Libby P, Ridker PM, Maseri A. Inflammation and atherosclerosis. *Circulation*. 2002. 105: 1135-1143

**12** Libby P. Inflammation in atherosclerosis. *Nature*. 2002. 420: 868-874

**13** Megan L Brophy, Yunzhou Dong, Hao Wu, et al. Eating the Dead to Keep Atherosclerosis at Bay. *Front Cardiovasc Med*. 2017. 30;4: 2

**14** Molecular Biology of Atherosclerosis. Endocrinol Metab. 2010. 25(3): 166-170

**15** Pepine, C. J. The effects of angiotensin-converting enzyme inhibition on endothelial dysfunction: Potential role in myocardial ischemia. *The American Journal of Cardiology*, 1998. 82(10), S23–S27

**16** Ross R. Atherosclerosis--an inflammatory disease. *N Engl J Med*. 1999. 340: 115-126

**17** Tian X Zhao, Ziad Mallat. Targeting the Immune System in Atherosclerosis: JACC State-of-the-Art Review. *J Am Coll Cardiol*. 2019. 73: 1691-706

**18** Wolf D, Ley K. Immunity and Inflammation in Atherosclerosis. *Circ Res*. 2019. 18;124(2): 315-327

**19** Zhao TX, Mallat Z. Targeting the Immune System in Atherosclerosis. *J Am Coll Cardiol*. 2019. 9;73(13): 1691-1706

### 7장 신체활동과 면역

**1** 곽이섭. “신체활동과 운동 알레르기 면역반응의 기전적 분석”. 운동과학. 2015. 24(3), 217-224

**2** 김경애 · 황선영. “폐경 중년여성에서 심혈관질환 위험 유무에 따른 신체활동, 중심비만 및 우울이 삶의 질에 미치는 영향”. 성인간호학회지. 2017. 29(4), 382-392

**3** 김경애 · 황선영. “심혈관질환위험 중년여성 대상 일상생활기반 신체활동강화

프로그램의 효과". 한국간호과학회지. 2019. 49(2,113-125)

4 석상아 · 김선미 · 정진형 등. "신체활동도와 수면만족도와의 연관성, 제11차 청소년 건강행태 온라인 조사 통계를 이용하여". 가정의학. 2017. 7(4), 557-562

5 성기월. "취약계층 당뇨병 여성노인의 대사증후군지표와 심혈관 위험정도가 우울증상 여부에 미치는 요인". 한국기초간호학회지. 2019. 21, 123-132

6 이미경 · 정리나 · 정윤용 등. "일과 여가시간의 신체활동과 골다공증의 연관성: 2015–2016 국민건강영양조사". 가정의학. 2019. 9(5), 403-407

7 장효순. "노년기의 건강증진행위와 삶의 질 관계에 대한 탐색적 연구". 한국복지실천학회지. 2019. 11(1)

8 Appelman Y, van Rijn BB, ten Haaf ME, et al. Sex differences in cardiovascular risk factors and disease prevention. *Atherosclerosis*. 2015. 241(1), 211-218

9 Bossers WJR, van der Woude LHV, Boersma F, et al. A 9 week aerobic and strength training program improves cognitive and motor function in patients with dementia: a randomized, controlled trial. *Am J Geriatr Psychiatry*. 2015. 23(11), 1106-1116

10 kelund U, Ward HA, Norat, T, et al. Physical activity and all-cause mortality across levels of overall and abdominal adiposity in European men and women: the European Prospective Investigation into Cancer and Nutrition Study(EPIC). *The American Journal of Clinical Nutrition*, 2015. 101(3), 613-621

11 Ko HY, Lee JK, Shin JY, et al. Health-related quality of life and cardiovascular disease risk in Korean adults. *Korean Journal of Family Medicine*. 2015. 36(6), 349-356

12 Korea Health Statistics. 2019 Korea National Health and Nutrition Examination Survey. Available from: https://knhanes.cdc.go.kr/knhanes/sub04/sub04_03.do?classType=7

13 Ministry of Education, Ministry of Health and Welfare, Centers for Disease Controland Prevention. 2019 The fifteenth Korea youth risk behavior web-based survey. Available from: http://www.kdca.go.kr/yhs/

## 8장 스트레스와 면역

1 Gailen DM Jr. Psychological stress, immunity, and asthma: developing a paradigm for effective therapy and prevention. *Curr Opin Behav Sci*. 2019. 28: 14-9

2 Kiecolt-Glaser JK, Garner W, Speicher C, et al. Psychosocial modifiers of immunocompetence in medical students. *Psychosom Med*. 1984. 46(1): 7-14

3 Kiecolt-Glaser JK, Glaser R, Gravenstein S, et al. Chronic stress alters the immune response to influenza virus vaccine in older adults. *Proc Natl Acad Sci U S A*. 1996. 93(7): 3043-7

4 Kim TK, Lee J, Random P, et al. Title of title. *Journal*. 2000. 230: 1530-4

5 Padgett DA, Glaser R. How stress influences the immune response. *Trends Immunol*. 2003. 24(8): 444-8

6 Shields GS, Spahr CM, Slavich GM. Psychosocial interventions and immune system function: A systematic review and meta-analysis of randomized clinical trials. *JAMA Psychiatry*. 2020. 77(10): 1031-43

7 Simpson RJ, Katsanis E. The immunological case for staying active during the COVID-19 pandemic. *Brain Behav Immun*. 2020. 87: 6-7

8 Ulrich-Lai YM, Herman JP. Neural regulation of endocrine and autonomic stress responses. *Nat Rev Neurosci*. 2009. 10(6): 397-409

## 9장 치의학과 면역


1 Abiko Y. Passive immunization against dental caries and periodontal disease: development of recombinant and human monoclonal antibodies. *Crit Rev Oral Biol Med.* 2000. 11: 140-158

2 Alam J, Koh JH, Kim N, et al. Detection of autoantibodies against aquaporin 5 in the sera of patients with primary Sjogren's syndrome. *Immunol Res.* 2016. 64: 845-856

3 Burnett DL, Reed JH, Christ D, et al. Clonal redemption and clonal anergy as mechanisms to balance B cell tolerance and immunity. *Immunol Rev.* 2019. 292: 61-75

4 Costalonga M, Herzberg MC. The oral microbiome and the immunobiology of periodontal disease and caries. *Immunol Lett.* 2014. 162(2 Pt A): 22-38

5 Hong J, Park HK, Park S, et al. Strong association between herpes simplex virus-1 and chemotherapy-induced oral mucositis in patients with hematologic malignancies. *Korean J Intern Med.* 2020. 35: 1188-1198

6 Yang Y, Palm NW. Immunoglobulin A and the microbiome. *Curr Opin Microbiol.* 2020. 56: 89-96

7 Lee A, Yoo DK, Lee Y, et al. Induction of anti-aquaporin 5 autoantibody production by immunization with a peptide derived from the aquaporin of Prevotella melaninogenica leads to reduced salivary flow in mice. *Immune Netw.* 2021. 21: e35

8 Marsh P, Lewis MAO, Rogers H, et al. (이효설 옮김) "Marsh & Martin's Oral Microbiology(구강 미생물학)" 6th Ed. 대한나래출판사, 2016.

9 Puth S, Hong SH, Na HS, et al. A built-in adjuvant-engineered mucosal vaccine against dysbiotic periodontal diseases. *Mucosal Immunol.* 2019. 12: 565-579

10 Pütsep K, Carlsson G, Boman HG, et al. Deficiency of antibacterial peptides in patients with morbus Kostmann: an observation study. *Lancet*. 2002. 360: 1144-1149

## 10장 면역에 좋은 건강기능식품을 생각한다면

1 건강기능식품에 관한 법률(건강기능식품법). 법률 제10219호.

2 고시형 건강기능식품 기능성 재평가: 콜레스테롤, 혈행개선, 위장기능, 항산화, 면역 관련 제품. (2005)식품의약품안정청 용역연구개발사업 보고서.

3 식품의약품안전처. 건강기능식품 기능성 원료 인정 현황. 2015.

4 Cho JM, Chae J, Jeong SR, et al. Immune activation of Bio-Germanium in a randomized, double-blind, placebo-controlled clinical trial with 130 human subjects: Therapeutic opportunities from new insights. *PLoS One*. 2020.

5 McElhaney JE, Goel V, Toane B, et al. Efficacy of COLD-fX in the prevention of respiratory symptoms in community-dwelling adults: a randomized, double-blinded, placebo controlled trial. *The Journal of Alternative and Complementary Medicine*. 2006. 12(2): 153-7

6 Kim K-B, Lee E-G, Chai O-H, et al. Inhibitory Effects of Phyto Extract Mixture (PEM381) on Type I Allergic Reaction. *J Kor Soc Food Sci Nutr*. 2007. 36: 155-162

## 11장 암 혈전에 의한 면역회피현상에 관한 한방요법

1 Chen X, Li Q, Kan XX, et al. Extract of Caulis Spatholobi, a novel blocker targeting tumor cell-induced platelet aggregation, inhibits breast cancer metastasis. *Oncol Rep*. 2016. 36(6): 3215-3224

2 Dispenza MC. Classification of hypersensitivity reactions. *Allergy Athma Proc*. 2019. 40(6): 470-473

3 Kim HM, Yi JM, Lim KS. Magnoliae flos inhibits mast cell-dependent immediate-type allergic reactions. *Pharmacol Res.* 1999 Feb. 39(2): 107-11

4 Kim JH, Hwang JS, Jung JH, et al. Molecular networks of FOXP family: dual biologic functions, interplay with other molecules and clinical implications in cancer progression. *Mol Cancer.* 2019. 18(1): 180

5 Kladar NV, Gavaric NS, Bozin BN. Ganoderma:insights into anticancer effects. *Eur J Cancer Prev.* 2016. 25(5): 462-71

6 Lee DY, Im EJ, Yoon DH, et al. Pivotal role of immune checkpoints in immune escape and cancer progression: significant association with platelets and FOXP3/Tregs related molecules, clinical implications and combinational potential with phytochemicals. *Semin Cancer Biol.* 2020. S1044-579X(20)30258-3

7 Ma P, Che D, Zhao T, et al. Magnolin inhibits IgE/Ag-induced allergy in vivo and in vitro. *Int Immunopharmacol.* 2019. 76: 105867

8 Tesfamariam, B. Involvement of platelets in tumor cell metastasis, *Pharmacol Ther.* 2016. 157: 112-9

9 Wang WJ, Wu YS, Chen S, et al. Mushroom beta-Glucan May Immunomodulate the Tumor-Associated Macrophages in the Lewis Lung Carcinoma. *Biomed Res Int.* 2015. 604385

10 Wang Y, Liu Y, Yu H, et al. Structural characterization and immuno-enhancing activity of a highly branched water-soluble $\beta$-glucan from the spores of Ganoderma lucidum. *Carbohydr Polym.* 2017. 167: 337-344

11 Yu C, Fu J, Guo L, et al. UPLC-MS-based serum metabolomics reveals protective effect of Ganoderma lucidum polysaccharide on ionizing radiation injury. *Ethnopharmacol.* 2020. 258

12 Zhang S, Pang G, Chen C, et al. Effective cancer immunotherapy by Ganoderma lucidum polysaccharide-gold nanocomposites through

dendritic cell activation and memory T cell response. *Carbohyfr Polym.* 2019. 2015: 192-202

## 2부 약과 면역

### 12장 면역억제약

1 김정애. "자가면역질환과 면역억제제" In. 김규원. "약의 역사". 제9장. 범문에듀케이션, 2017.
2 유진수. "장기이식 역사와 주요 면역억제제의 발전" J. Korean Med. *Assoc.* 2020. 63(5): 241-250
3 Allison AC. Immunosuppressive drugs: the first 50 years and a glance forward. *Immunopharmacology.* 2000. 47: 63-83
4 Hirschmann R. The cortisone era: aspects of its impact. Some contributions of the Merk Laboratory. *Steroids.* 1992. 57(12): 579-592
5 Lim J, Lee A, Lee HG, et al. Modulation of immunosuppression by oligonucleotide-based molecules and smll molecules targeting myeloid-derived suppressor cells. *Biomol. Ther.* 2020. 28(1): 1-17
6 Nash P, Kerschbaumer A, Doner T, et al. Points to consider for the treatment of immune-mediated inflammatory disease with Janus kinase inhibitors: a consensus statement. *Ann Rheum Dis.* 2021. 80: 71-87
7 Ruiz-Irastorza, Bertsias G. Treating systemic lupus erythmatosus in the 21st century: new drugs and new perspectives on old drugs. *Rheumatology.* 2020. 59: v69-v81

### 13장 면역증강제

1 김의호. "백신 면역증강제(vaccine adjuvant)의 개발 동향". BRIC View 2018-T03(http://www.ibric.org/myboard/read.php?Board=report&id=2896)

Jan 30, 2018.

2 Bonam SR, Partidos CD, Halmuthur SKM, et al. An overview of novel adjuvants designed for improving vaccine efficacy. Trends in pharmacological sciences 38.9. 2017. 771-793

3 Didierlaurent AM, Laupèze B, Di Pasquale A, et al. Adjuvant system AS01: helping to overcome the challenges of modern vaccines. Expert review of vaccines 16.1. 2017. 55-63

4 Garçon N, Di Pasquale A. From discovery to licensure, the Adjuvant System story. Human vaccines & immunotherapeutics. 2017. 13.1, 19-33

5 Ko EJ, Kang SM. Immunology and efficacy of MF59-adjuvanted vaccines. Human vaccines & immunotherapeutics. 2018. 14.12. 3041-3045

6 Liu H, Tu Z, Xu X et al. "Virosome, a hybrid vehicle for efficient and safe drug delivery and its emerging application in cancer treatment." Acta Pharmaceutica. 2015. 65.2. 105-116

7 Lövgren Bengtsson K, Morein B, Osterhaus AD et al. ISCOM technology-based Matrix M™ adjuvant: success in future vaccines relies on formulation. Expert review of vaccines. 2011. 10.4. 401-403

8 Ragupathi G, Gardner JR, Livingstone PO, et al. Natural and synthetic saponin adjuvant QS-21 for vaccines against cancer. Expert review of vaccines. 2011. 10.4. 463-470

9 Reed SG., Orr MT, Fox CB. Key roles of adjuvants in modern vaccines. Nature medicine. 2013. 19.12. 1597-1608

10 Sasaki S, Okuda K. The use of conventional immunologic adjuvants in DNA vaccine preparations. DNA Vaccines. Humana Press, 2000. 241-249

11 Schijns V, O'Hagan D. Immunopotentiators in modern vaccines. Academic Press, 2016.

12 Wang ZB, Xu J. Better Adjuvants for Better Vaccines: Progress in Adjuvant

Delivery Systems, Modifications, and Adjuvant–Antigen Codelivery. Vaccines. 2020, 8, 128

## 14장 약물의 면역부작용

1 이민구. "약리유전학 및 약물유전체학" In. 대한약리학회. "이우주의 약리학강의" 제4장. 대한약리학회. 신일서적. 2019.

2 Karnes JH, Mille MA, White KD et al. Applications of Immunopharmacogenomics: Predicting, Preventing, and Understanding Immune-Mediated Adverse Drug Reactions. *Annu. Rev. Pharmacol. Toxicol.* 2019. 59: 463-486

3 Lennard L. TPMT in the treatment of Crohn's disease with azathioprine. *Gut.* 2002. 51: 143–146

4 Park HJ, Park J-W, Kim SH et al. The HLA-B*13:01 and the dapsone hypersensitivity syndrome in Korean and Asian populations: genotype- and meta-analyses. *Expert. Opin. Drug. Saf.* 2020. 19: 1349-1356

5 Park H-W, Kim DK, Kim S-H et al. Efficacy of the HLA-B*58:01 Screening Test in Preventing Allopurinol-Induced Severe Cutaneous Adverse Reactions in Patients with Chronic Renal Insufficiency-A Prospective Study. *J. Allergy Clin. Immunol. Pract.* 2019. 7(4): 1271-1276

6 Sanlorenzo M, Vujic I, Daud A et al. Pembrolizumab cutaneous adverse events and their association with disease progression. *JAMA Dermatol.* 2015. 151: 1206.12

7 Yang S-K, Hong M, Baek J et al. A common missense variant in NUDT15 confers susceptibility to thiopurine-induced leukopenia. *Nat. Genet.* 2014. 46: 1017-1020

## 16장 초미세 나노 주사가 정복하는 넓은 세계

1 Kim D, Wu Y, Li Q, et al. Nanoparticle-mediated lipid metabolic reprogramming

of T Cells in tumor microenvironments for immunometabolic therapy. *Nano-Micro Lett.* 2021. 13: 31

2 Editorial, Nanomedicine and the COVID-19 vaccines. Nat. *Nanotechnol.* 2020. 15: 963

3 Kim J, Eygeris Y, Gupta M, et al. Self-assembled mRNA vaccines. Adv. *Drug Del Rev.* 2021. 170: 83-112

4 Wolfram J, Ferrari M. Clinical cancer nanomedicine. *Nano Today.* 2019. 25: 85-98

5 Shin MD, Shukla S, Chung YH, et al. COVID-19 vaccine development and a potential nanomaterial path forward. *Nat. Nanotechnol.* 2020. 15: 646-655

6 Le Q-V, Suh J, Choi JJ, et al. In situ nanoadjuvant-assembled tumor vaccine for preventing long-term recurrence. *ACS Nano.* 2019. 13: 7442-7462

7 van der Meel R, Sulheim E, Shi Y. Smart cancer nanomedicine. *Nature Nanotechnology.* 2019. 14: 1007–1017

8 Yonezawa S, Koide H, Asai T. Recent advances in siRNA delivery mediated by lipid-based nanoparticles. *Adv. Drug Del Rev.* 2020. 154-155: 64-78